11位全球富豪的成功學

贏的秘密

張昭平◎編著

前言

傳說中，當上帝把亞當和夏娃逐出伊甸園的時候，祂派了一群天使來到園裡，天使們揮舞著火劍，耀武揚威，點點的火星飛濺到智能樹旁邊的玫瑰花叢，火花四起，隱藏在其中的鳥兒被燒成灰燼，幾日之後，花間的一顆鳥蛋蛋殼破裂，一隻美麗的鳥兒從灰燼中破殼而出，振翅飛向天空。

從那天起，美麗的不死鳥克服重重磨難，開始日復一日地在人類上空飛翔，爲芸芸衆生播撒下光明、希望、幸福與祥和，而每到一個世紀結束的時候，牠又會投入到火焰之中，讓自己化爲灰燼，數日之後，火鳥會再次揮動翅膀，衝向天際。

據說成功的企業家也大都要經過九死一生的磨練！他們有的拋棄穩定的前途，勇於以自己的終生幸福爲賭注，只爲博得一個實現夢想的機會；有的曾經爲了追逐夢想而傾家蕩產；有的以超人的機智在各種力量和因素中周旋，一旦機遇到來，他們就會破殼而出；還有很多一生辛苦經營，終日重複著在旁人看來枯燥乏味的工作，就像地獄中的西西弗斯……他們把所有的辛苦和經營隱藏在殼中，而大多數世人所看到的，只是他們展翅那一瞬間的光彩……

本書所選的，是一群飛行在我們這個時代的不死鳥，他們日夜不停地追逐財富和成功，激勵著所有像他們一樣在企求翱翔天際的同伴們。

正像不死鳥的每一次重生都要經過烈火洗禮一樣，追逐成功的過程本身也充滿了痛苦和孤獨，因此本書將這些人的故事整理出來，以陪伴那些正在半空飛翔的同伴們前行……

目錄

第1章

一個海軍陸戰隊員創造的神話

聯邦快遞（FedEx）是快遞行業的始祖。31年前佛瑞德里克・史密斯創立了聯邦快遞，並開創了快遞服務這一行業，迄今，聯邦快遞已成為世界上最大的快遞運輸公司。

從創立初期，史密斯及聯邦快遞就高度重視服務的品質，而服務的重點是「快」和「準時」，作為全球最早的快遞公司，聯邦快遞擁有數百架專用飛機，因此對於洲際運輸業務也可以做到24小時送到，正如他們的承諾：使命必達。

1990年，聯邦快遞榮獲全美Malcolm Baldrige國家品質獎，也是服務行業首位榮獲此項殊榮的企業。

1994年，聯邦快遞成為獲得ISO9001國際品質標準認證的唯一一家全球快遞公司，並在1997年再次獲得此項認證。

1 一個神話的開始

聯邦快遞公司是目前全球最大的快遞公司，創立於1973年4月，總部設在美國田納西州孟菲斯市。在聯邦快遞，每個工作日運送的包裹都超過310萬個，聯邦快遞公司的服務範圍涵蓋占全球國民生產總值百分之九十的區域，能在24到48個小時之內，提供到府收送、代爲清關的國際快遞服務。聯邦快遞無與倫比的航線權及基礎設施，使其能向全世界215個國家及地區提供快速、可靠、及時的快遞運輸服務。到目前爲止，聯邦快遞在全球擁有超過141,000名的員工，全球服務中心約1,400多個，近50,000個投遞點，服務機場325座，飛機645架和車輛42,000輛，加盟貨運中心約6,500個，全球每日平均貨件量約300萬件，全球每日平均空運量約2,060萬磅。聯邦快遞透過FedEx Ship Manager at fedex.com，FededEx Ship Manager Software 與全球100多萬客戶保持密切的電子通訊聯繫。

佛瑞德里克．史密斯曾服役於海軍陸戰隊，從軍四年大部分時間是在越南戰場上度過，擔任過飛行員，在海軍陸戰隊獲升遷爲上尉連長，因驍勇善戰獲得六枚勳章。兩次遠赴越南的軍旅生涯中， 他曾受教於一位脾氣乖戾的海軍陸戰隊軍官。這

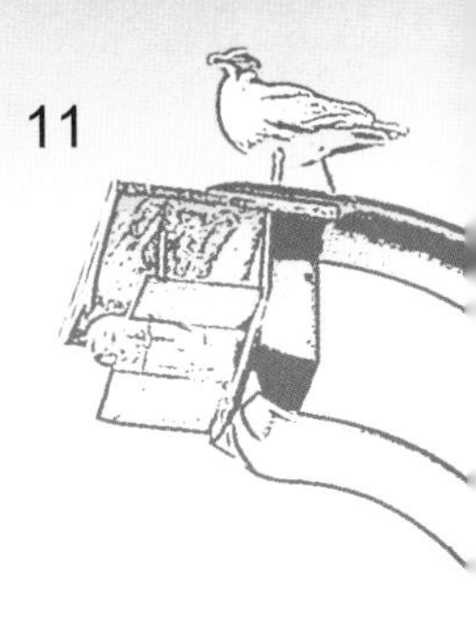

位軍官對日後史密斯的事業產生了深遠的影響。史密斯一直記著這位軍官的一句話：「上尉，你必須記住三件事：射擊、行動和聯絡。」史密斯牢記這句忠告，這句忠告使他在戰場上和事業上都受益匪淺。他自己說，在戰場上才能充分體認到人性與友情的眞諦，而這樣的經驗使他在經營危機中，仍然能夠凝聚團隊成員的向心力，進而堅持至事業成功。

史密斯還是一個很會見縫插針的人，他在聯合運輸公司（UPS）工人長達半個月的罷工所導致的市場空窗期間四處遊說，把大批聯運公司以前的客戶招攬至聯邦快遞下。當然，史密斯和公司職員之間的緊密合作使聯邦快遞在這場競爭中如虎添翼。這種同心協力在華爾街股市上也得到了相對回報——當年，聯邦快遞股票價格提高了70％，每股高達76美元。

2 神話有方

任何人創業都不容易，史密斯當然也不例外。聯邦快遞創業的前五年諸事不順，累積虧損三千萬美元，史密斯被銀行控告詐騙、背信，甚至他的家人也控告他。但史密斯並沒有放棄，他堅持初衷，以極大的熱忱投入事業，把他的員工凝聚在自己周圍，同甘共苦，並以誠懇的態度與極大的耐性與投資人溝通，在他的努力下，終於化解了一波又一波的危機，成就了偉大的事業，實現快遞業「隔夜送達」的典範經營模式。

當時，史密斯和大多數成功的企業家一樣，對華爾街的股市抱持迷惑不解的態度。他從不爲自己無法掌控的事情擔憂。所以史密斯並不怎麼關注股市行情。但是，儘管史密斯對股市漠不關心，他卻從股票中獲得了很大的收益。

許多對市場頗有研究的學者都指出，轉運中心（Hub-and-Spokes System）的創新經營模式以及史密斯的領導風格，是聯邦快遞創業成功的關鍵因素。其實，在耶魯大學二年級時，史密斯就曾在他的一份期末報告中提出這種將貨物集中於轉運中心後再出貨的經營構想。不過當時由於沒有成功的先例，周圍

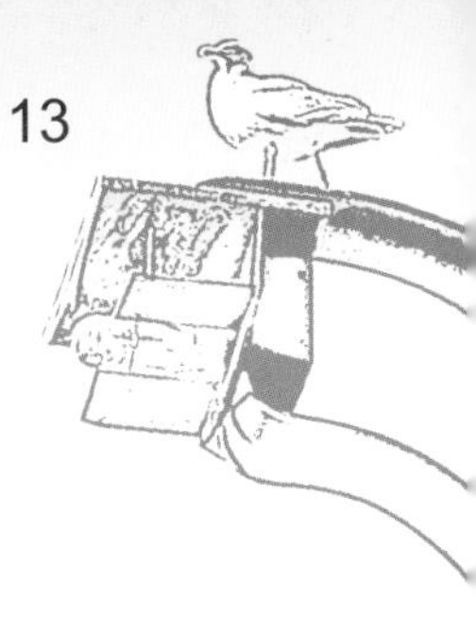

的人都覺得他是在異想天開，他的教授也告訴他這個構想雖然很具創意，但不可行，所以當時只給了他C以下的成績。他的教授在評語中還強調，一個好的創業構想，先決條件是必須可行。

事實上，在1984年，美國航空公司（American Airlines）在堪薩斯就曾試行過轉運中心這樣的制度，印度郵局與法國郵局也曾用這樣的方式營運。

所以說，轉運中心這個構想並不是史密斯首先發明的，他也是受他人啓發，但史密斯卻是提出在快遞行業試用這一構想的第一人，他看到銀行將支票集中於票據交換中心的作業方式後，認爲航空快遞業也可以採取類似的運作模式，而事實也正如他所預測的那樣發展著。

在歷史上，許多重大的創新構想在出現之初，都會受到人們的抵制和排斥，只有當它已經存在多時或有人爲這項創新事物流血甚至犧牲時，這種創新事物才會被人們逐漸接受。瓦特發明的蒸汽機就是一個例子。

創業家最大的貢獻在於「化不可能為可能」，史密斯的秘訣就在於「遠見、時機、冒險精神、執行能力」。轉運中心的構想並不算是一個偉大神奇的發現，不過當時所有的快遞業者都認為那是不可行的，因為它似乎並不符合經濟效益，何況當時的顧客並沒有「隔夜送達」的強烈需求。70年代初期，人們對科技的要求沒有現在這麼強烈，沒有多少顧客會主動提出「隔夜送到」的需求，但史密斯相信，在不久的將來，顧客會喜歡這樣的服務，並且未來快遞市場競爭的關鍵必然在於速度。

雖然在史密斯看來轉運中心是一項有效也必須採用的營運模式，但採用轉運中心營運模式卻面臨著一項主要難題，就是需要相當的資本，也就是需要極大的投資金額。但當時美國法令限制航空貨運的載貨量，因而「隔夜送達」的初期市場需求還看不到這個難題，換言之，日後史密斯才會面對極高的投資風險。

儘管當時轉運中心這種營運模式的缺點並不十分明顯，但史密斯卻憑著他的理性分析與堅強的毅力洞察到了這種劣勢，

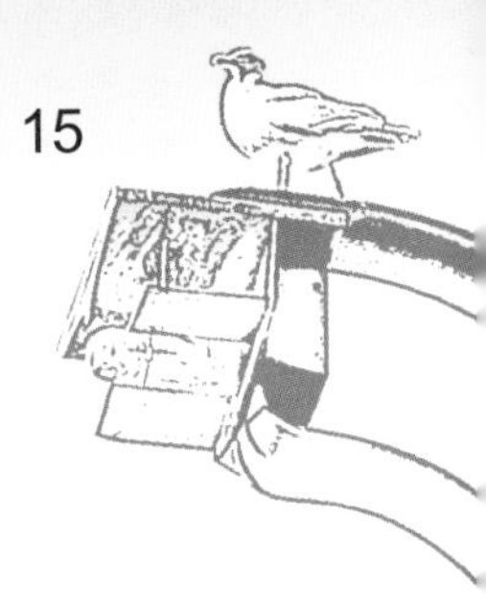

於是，他想了各種辦法來降低他的創業風險。例如，首先他委託研究機構替他驗證轉運中心營運模式的可行性，然後他用這些事實資料和他個人極大的熱情，去說服投資者提供資金，皇天不負苦心人，最後他終於籌措到五千兩百萬美元的創業資金。對於當時的聯邦快遞來說，已經能解燃眉之急了。

開始經營的第一個月，聯邦就虧損了四百四十萬美元，對於那種知難而退的人來說，創業可能就會到此爲止，但對於史密斯來說，這絲毫不能影響他對於創業遠景的信心，甚至他還將自己家族企業的股票全部抵押借款，來幫助聯邦快遞度過難關。

就是憑著這種信念，轉運中心的這種營運模式在聯邦快遞才獲得了極大成功。因爲史密斯的堅持和轉運中心模式改變了航空貨運業的營運方式，再加上各行各業的需求，美國政府不得不修訂航空法，解除了對航空運輸業的限制。誠然，再好的創業構想，如果沒有付諸行動，也是徒勞無功。

雖然最初史密斯對股票漠不關心，但後來聯邦快遞的收益絕大部分都來自股市。股市上的成功，爲聯邦快遞勾畫出了一幅利用其遍佈全球的飛機和貨車賺取滾滾財源的藍圖。在過去的幾年中，聯邦快遞的業績並不如史密斯想像的理想，股票價格徘徊不前，從來沒有突破過3.2%的投資報酬率。正因爲如此，史密斯才覺得聯邦快遞有必要收購RPS。聯邦快遞在併購RPS之後逐漸發展壯大，而且更名爲FDX。

RPS公司所擁有的13500輛貨車將大大增強聯邦快遞與聯運競爭的實力。併購合約也保證了FDX取得更多的利潤，理由在於陸路運輸成本遠比總部設在孟菲斯的聯邦快遞動用其590架飛機和38500輛各種車輛的龐大系統更爲便宜。華爾街最先對這次收購表示了歡迎。一些分析家也指出，聯邦快遞透過收購這一舉動便可以從全年115億的陸運利潤中掙取3.61億美元，從這一點上講，聯邦快遞的股價快速攀升完全是合情合理，聯邦快遞本身收益頗豐。

在當時，以亞特蘭大爲中心的聯運是聯邦快遞的一個主要競爭對象，其實從某種意義上講，聯邦快遞並沒有足夠的實力與聯運抗衡。但聯邦快遞併購RPS以後，情況就大大改觀了，聯邦快遞一下子壯大許多，對於聯運是一個不小的衝擊。並且在1996年夏天，聯運員工進行了一場規模不小的罷工，擁有鉅額資產的聯運總裁比格·布朗被迫向客戶保證這種罷工情況不再發生。

聯運董事會則焦頭爛額地忙於平息客戶的投訴。聯運的勞資糾紛最終並未平息，相反卻愈演愈烈。形成鮮明對比的是：史密斯的員工對他們的待遇非常滿意，能夠緊密團結在史密斯身邊，一致對外；而聯運的工人們與董事會的談判由於分歧過大而破裂，新的罷工正在醞釀之中。在罷工之前，顧客通常選擇價格低廉的運輸公司，而聯運正是以較低的價格取勝，但是在聯運發生罷工之後，許多顧客由於擔心再次發生罷工，紛紛把業務轉往他處。摩根·史坦利的分析家克文·莫爾菲指出：聯邦快遞實際上已經從聯運手中奪走了2%的市場，將其在快遞市場的佔有率擴大到了43%。

3 電腦時代的赫爾墨斯

雖然創業初期並不是很理想，但20多年之後，聯邦快遞開始在這個行業中顯現出霸主的地位。聯邦快遞的迅速發展沒有給新的競爭者任何的喘息之機，霸主地位逐漸鞏固。今天，人們已經對各種貨物在全球各地快捷而安全地運送司空見慣，然而有誰能想像得到，聯邦快遞在最初階段只能運送小型包裹？現在的聯邦快遞，麾下一長串的麥道-11和A300型飛機可以運載各式各樣的貨物：緬因州的龍蝦、夏威夷的鮮花、各種藥品、新鮮血漿、發動機、歐洲香水和瑞士鐘錶等等。史密斯常常以此自誇，而事實上，聯邦快遞的確可比作電腦時代的赫爾墨斯（希臘神話中衆神的信使）。

大多數企業老闆脾氣都比較暴躁，史密斯卻是一位頗具耐心的老闆。在他身體力行之下，公司的各項策略顯得有條不紊。別看史密斯事業成就過人，生活中的他卻是個極爲平凡、不苟言笑的人。如果他走入聯邦快遞任何一家分公司，幾乎不會有人認出他這位老闆。他說話的腔調有點南方人的拖泥帶水，缺少變化，給人的印象完全不像能有如此成就的人。對於

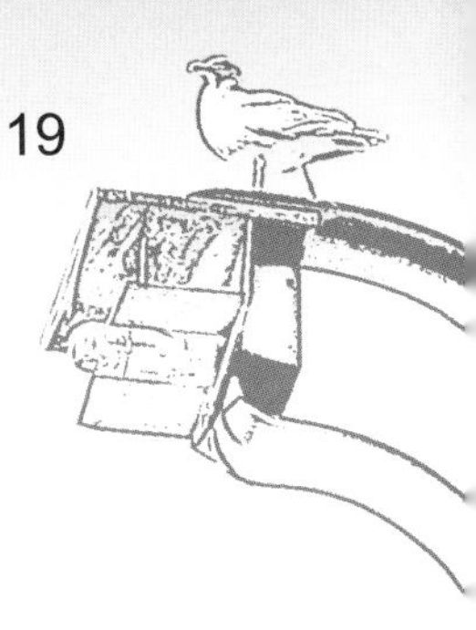

自己的私人生活，史密斯更是避而不談。所以，即使聯邦快遞已被大多數美國人所熟知，但是對史密斯其人，人們所知仍只是些皮毛：他出生於孟菲斯的一個富裕家庭；經歷過兩次婚姻，並有10個孩子；他的財產估計已超過7億美元……如此而已。

資訊時代的到來對任何一家企業都是個衝擊，對聯邦快遞也不例外，而史密斯在20年前憑著他敏銳的眼光已預見到了。他一直把額定載貨量、實際載貨量、目的地、預計到達時間、價格、裝卸費用等等資訊的準確性，視為與貨物安全運送同等重要。

在他的建議下，一個能夠提供市場行情的資訊網路在聯邦快遞的海陸空運輸系統中誕生。這個資訊網路是由鐳射掃描器、柱狀圖和各種軟體、電子通訊設備組成的複雜系統，在聯邦快遞的業務中發揮了舉足輕重的作用。

建立這個資訊網路系統並沒有難倒史密斯，但如何維持這套花費不貲的資訊系統卻令史密斯非常頭痛。為了維持這套資訊網路，聯邦快遞每年需投入20億至25億美元。有時在這套系統上的高額投資所造成的盈虧已足以影響公司整體的效益。貨運業的利潤是相當低的，當時聯運的利潤也只有5%，但史密斯的目標是把利潤率增加到6%。

當然，就算聯邦快遞保持正常營運的話，6%這個數字還是非常不易達成，因爲貨運業利潤，即平均每件貨物所能賺取的利潤，在1991～1995年這5年中從17.33美元驟降至14.62美元。

利潤下降的原因是美國每日平均載運量翻了整整兩番，達到每日270萬噸。在如此龐大數字的瓜分下，貨運的利潤當然只能像蝸牛一樣慢慢爬行了。不過1996年貨運業突然開始回升，到1996年5月，利潤達到15.11美元，上升了49美分。

高科技的作用是不能忽視的。根據《財富》雜誌波士頓顧問麥克·崔西提供的資訊，聯邦快遞在技術上的領先程度，是聯運和其他同業在一年內無法望其項背的。

聯邦快遞爲10萬家客戶安裝了電腦終端機，向65萬家客戶提供了其專利軟體，這樣，公司只需要接收電子資訊，就可以及時辦理裝運了。正如該公司市場資訊首席負責人鄧尼斯·瓊斯所說的：「我們已經不再需要用電話或通信來處理業務了，而且所需人力也不多。」這就爲聯邦快遞節省了大量的人力成本。

聯邦快遞在轉機方面做了相當大的努力。首先，聯邦公司在它的資訊系統中發現了一座巨大的金礦：公司擁有從每位客戶可能獲取的利潤資料——哪些業務可以盈利，哪些只會虧本，一目瞭然。於是，各地的聯邦快遞行銷人員開始出面與客戶交涉，擺脫不能盈利的業務，爭取提高運費。聯邦快遞用這種方法停止了日載運量達15萬件的業務。另外，在1996年夏季，聯邦快遞推出了一套以貨物運送距離爲計算基礎的新價格制度。

4 員工永遠至上

史密斯曾說：「我們很早便發現，顧客的滿意是從員工的滿意開始。代表公司理念的口號——員工、服務、利潤……中，就涵蓋這種信念。」

史密斯總是對聯邦快遞的主管們強調，聯邦快遞是員工至上的工作團隊；即使公司成爲市場的領導者，不斷地發展，公司服務爲更多人所熟知，員工永遠是第一。這一點在聯邦快遞的日常實踐中得到了驗證。

聯邦快遞爲何能有效地服務顧客？因爲史密斯和聯邦快遞的主管們相信：如果公司願意多一點關心員工，員工所提供的服務必會使公司獲得更大的效益。航空運輸業是相當忙碌的，很少有人會在工作中特別去記住這種理念，但優秀的聯邦快遞主管們已把這種理念融入到工作當中，他們會妥善照顧員工。史密斯說：「即使公司花大錢在硬體設備、訓練課程等項目上，若員工不滿意自己的職務或工作場所，就很難有好的服務。善待員工，讓他們感受到公司眞誠的關懷，你便會得到全球一流的服務態度。」史密斯相信員工至上的理念，符合歷史

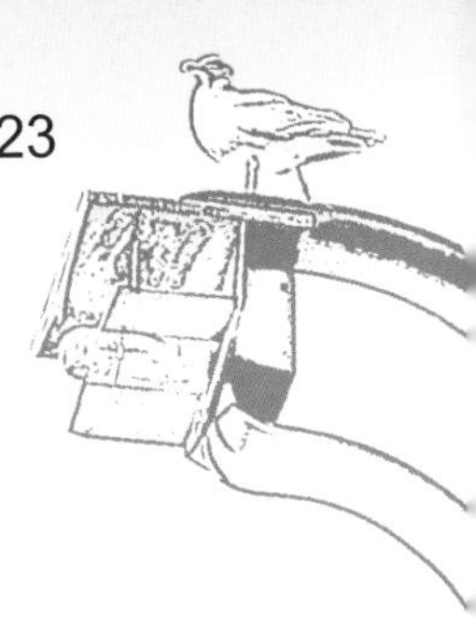

潮流和現代趨勢。

注重員工自身的發展，也是聯邦快遞以人爲本的文化內涵之一，所以，聯邦快遞很注重對員工的培訓，每個職位都有培訓計畫；對於新人，公司不僅給他們專業的培訓，還會做管理的培訓和怎樣做人的培訓，如怎樣跟客戶溝通，讓員工清楚公司文化，自己未來可能的發展，在公司裡如何做才能成功等。

聯邦快遞的管理者們也必須經過嚴格的訓練，並受到密切的監督。每一位管理者上任之後，不管職務大小，每年都要接受公司所有人的評鑑，包括總裁和一般員工。如果一位管理人員連續幾年所受到的評價都低於一個預定值，那麼等待他的只有解雇了。

聯邦快遞的員工們對公司的忠誠度，是任何人都不能否認或準確衡量的。只要參觀一下聯邦快遞在孟菲斯的總部，即使你抱持著合作精神已消亡殆盡的觀點，也必定會被那裡熱情、誠懇的員工們所感動。像聯邦快遞這種服務業的運作系統，不像製造業那樣顯而易見，但這套運作系統的能力和嚴密性，一點也不會比製造業的輸送帶、機器和電腦差。

就拿在孟菲斯的聯邦快遞夜間作業現場來說，那裡有著多得數不清的箱子和包裹、錯綜複雜的輸送帶、忙碌穿梭的堆貨車，但卻不會發生絲毫差錯。壓迫得令人喘不過氣來的運作系統和士氣高昂、心情愉快的員工，史密斯是如何使這兩者達到平衡的呢？史密斯的答案是：員工至上——首先是員工，然後才有顧客。在善待員工方面，史密斯的確花了很多功夫，因爲他相信：「這種企業精神能使硬梆梆的商業活動變得溫情暖暖。」

聯邦快遞員工每年都會收到問卷調查，包括29個問題。其中前10個問題是與個人有關的工作團隊方面的問題，如：主管尊重你嗎？其餘的問題有調查直屬上司的管理態度及關於公司的一般情況等，最後一題則是讓員工對公司去年的表現加以評價。聯邦快遞會將調查結果依不同團隊做成一覽表，並把各主管成績分別列出。

前10題的綜合得分是對主管領導指數的調查，該指數關係到300位高級主管的紅利，此紅利通常爲資深主管底薪的40％。如果主管的領導指數沒有達到預定目標，則拿不到紅利。

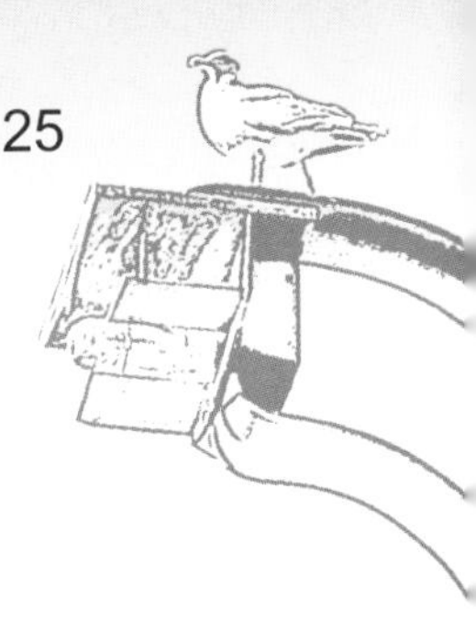

這項規定對主管而言，意味著他們要與部下相處融洽且善待他們；對員工而言，意味著他們可以影響公司。所以在聯邦快遞，主管都比較盡心盡責。

主管們在收到問卷調查，尤其是自己以及其他部門主管的成績一覽表後，便召開部門會議，讓主管和相關員工探究存在的問題，並提出改進的方法，以作為下年度主要工作計畫和目標的依據。

如果某部門的領導指數遠低於本年度的目標，那麼該主管就會受到「留校察看」的命運，該部門將會在6個月內再做一次問卷調查的過程。

聯邦快遞還制定了「保證公平對待辦法」，這一辦法的目的其實是讓每一位員工都能有向高層主管申訴的機會。此辦法規定，在正常情況下，員工可以向直屬上司申訴或提出問題，如果員工不滿意上司的解決方案，還可以訴諸「保證公平對待」制度，讓上司的主管和常務董事對這一問題再進行處理，而他們必須在7天之內給予答覆。如果對第二次申訴結果仍然不滿意，員工可以到申訴委員會再進行申訴，由申訴委員會來解決問題。申訴委員會的成員包括總裁、最高業務主管、高級人事主管和兩名資深副總。

「調查→回饋→行動」以及「保證公平對待」制度，使聯邦快遞的員工至上理念得以落實。

從聯邦快遞理念的建立與實現的系統裡，再度顯現出員工與組織之間的緊密關係，以及策略的優勢。而這些制度在實際中也得到了充分的貫徹。

我們來看一個例子：

位於孟菲斯的聯邦快遞收款部門，在5年前的調查結果中，領導指數只得了70分，卻一直沒有改善措施，員工連連抱怨，但情況年年一樣，沒有人聆聽他們說話。3年前，這個部門的經理漢森注意到，比她低兩級的員工對「我的上司提供我們所需的支持嗎？」的回答，只給了她14分。在此之前，她根本沒有注意過這個問題。

於是，漢森立刻召開全部門工作會議，對這一問題進行深入探討。會中，員工和一些主管們對漢森過去兩年的不當行爲

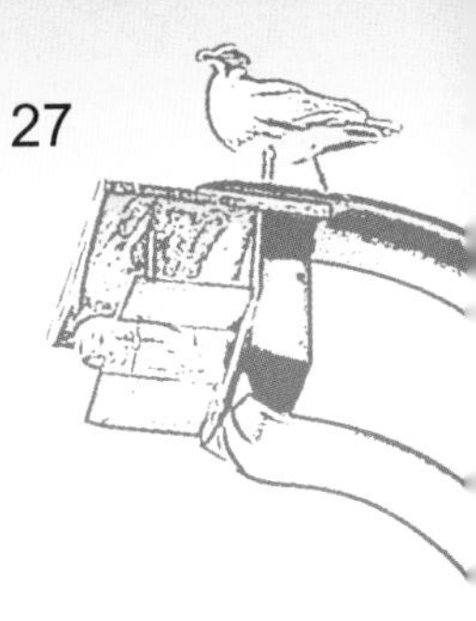

進行了批評，並提出意見，會議足足進行了7個小時。漢森對自己過去的過失也進行了深刻的反省，她發誓要改善情況，希望屬下能給予幫助，因爲是要改善現狀，員工們也十分樂意效勞。

從此以後，漢森開始經常在部門內走動，並常常與員工談心，聽取員工的心聲。在她之下的各級中層幹部受其感染，也和自己的團隊打成一片。在一次全體部門的工作會議上，她還擬定早上5點到晚上10點之間的彈性工作時間實施辦法。另外還有一項比較特別的辦法，就是讓因小孩生病而臨時不能上班的員工，能在日後補足意外的請假時間。這些辦法實施後，不僅提高士氣，也提高了生產力。

據估計，聯邦快遞的這一部門，由於實行彈性上班時間而減少加班和節省人力，兩年內爲公司省下了200萬美元。此外，收款部門員工還制定出一套評比統計系統，以便用更科學、更精確的方法，公平評價員工的表現。

總之，事情有了戲劇性的發展。收款部門的領導指數在3年內增加爲90分！

史密斯很重視掌握員工的感情，因爲掌握了這種情感，就等於掌握了一件在競爭中立於不敗的武器，這件武器使聯邦快遞在聯運罷工中得到了報償，得以在危機中撐了過來。聯邦快遞曾一度因每天額外增加80萬件包裹，讓史密斯很頭痛，誰料到，數千名員工自願在午夜之前到公司倉庫（在每週正常的工作時間之外）幫助公司處理貨物。他們的這種精神可以說超過任何教條，是對奉獻精神的最好詮釋。

聯運罷工風波平息之後，史密斯在報紙上用了整整10頁的版面向他的員工們表示感謝。史密斯的行動是對員工們的最高嘉獎，他在致辭中說：「你們的工作非常出色，你們對自己的事業具有高度的責任感，爲公司付出的辛勞，已遠超出你們的責任！在此，我深表感謝！」除此之外，史密斯還給員工們放發了特別津貼。

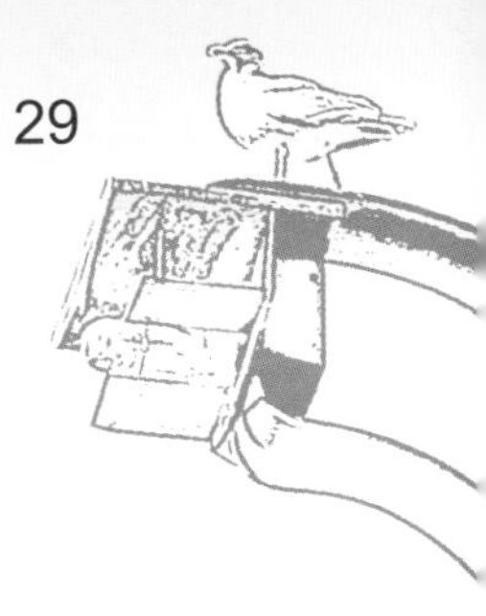

5 面向未來

史密斯並沒有被已取得的成績沖昏頭，而是更進一步激勵員工，以便在運輸業中再創佳績。史密斯認爲，聯邦快遞必須在不斷的探索中尋找更多、更好的契機，爲此，在公司未來發展的策略中有三個重要的突破口：降低庫存和後勤費用、使用網際網路進行商務活動，以及業務的全球化。史密斯非常清楚地意識到，自己多年累積起來的寶貴經驗在未來競爭中具有莫大潛力，他非常果斷地指出：「我們所居住的星球已經建立起不可分割的聯繫，因此利用網際網路來營運勢在必行。」

降低成本。要想大幅度削減因大量庫存而提高的成本，不是一朝一夕的事，公司必須就此進行基本制度上的改革。史密斯注意到，許多公司都有這樣的需求，於是他覺得，如果建立一個組織來幫助其他公司進行改革，對聯邦快遞會是一件有利可圖的事情。爲了吸引更多公司的注意，聯邦快遞開始訓練能夠提供各種測試和參考意見的行銷顧問。聯邦快遞與總部在加州中心的德米克半導體公司成功地建立了夥伴關係。德米克半導體公司擁有資產10億美元，是賓士公司的子公司之一。幾年前，德米克半導體公司與聯邦快遞達成協議：關閉自己的8間工廠以修建在蘇比克灣的全球辦事處。因此，如果一位客戶向德米克公司訂貨，30秒鐘之內就能得到該公司的答覆。一線生產廠家將直接得到電子訊息，通知他們把產品運到蘇比克灣，然後聯邦快遞直接裝船把貨物運至客戶手中。亞洲的客戶只需要8個小時就能得到貨物，美國和歐洲的顧客也只需48小時便能收到產品。對德米克公司而言，這項合作使該公司每年節省了550萬美元。

網際網路。與經營海底通訊電纜、洲際航班等現代科技成果相比，史密斯更熱衷於網際網路。他認爲網際網路可以讓人們在世界的任何角落購買或行銷產品。史密斯並不能確切地預見網際網路經營會在某個時間內飛黃騰達，但是他力圖使聯邦快遞在未來的網路經營中能夠雄踞一席之地，他也相信未來的世界是網路的世界。聯邦快遞與經營電腦及零件的「太陽資訊」公司（Sun Data）進行合作。該公司的銷售經理馬克．梅茲用聯邦快遞的專利軟體在網際網路上開闢了一個目錄。結果不出所料，史密斯所預期的目標全部超額實現：這個目錄的花費非常便宜；網路銷售以每月10%的速度暴增；開闢這個目錄的投

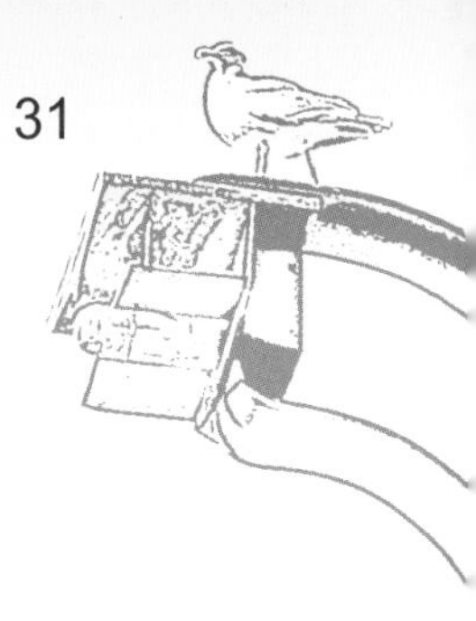

資一眨眼便轉變爲利潤，1997年該公司的實際收益超出了預算的1倍。聯邦快遞90％的網路客戶是新近建立聯絡的，其中包括來自烏克蘭、委內瑞拉、巴基斯坦的客戶等等。

史密斯承認，目前的潮流對自己的公司在今後5年之內的影響他暫時還看不出頭緒，但是，他確信，在網路中投入的大量資金已使公司度過了最初的困難期，公司未來將面臨的只是發展的問題。史密斯曾半開玩笑地說：「我認爲，聯邦快遞有足夠的理由在自己耕耘的麥田裡獲得豐收。」顯而易見，只要佛瑞德里克·史密斯繼續牢記其教官的訓誡：「射擊、行動和聯絡。」那麼聯邦快遞的豐收一定會成爲令人豔羨的事實。

全球化。據預測，在未來10年之內，全世界的快速運輸業市場將從現在的120億美元膨脹至1500億美元。所以，這一行業的各家公司都在積極謀求與海外同業進行合作，力圖從日益增長的世界經濟中有所收穫。絕大多數運輸業主已採取了及時清點庫存的措施，因此運載工具，包括飛機、貨車、貨輪等，隨時準備在世界各地裝卸貨物，聯邦快遞也不例外。同時，本田和豐田汽車公司在美國建立新的子公司，這意味著美國運輸業的市場又會有新的拓展，史密斯及聯邦快遞對這一拓展十分關注。

中國大陸市場一直都是國外企業關注的焦點。聯邦快遞於1984年就與合作夥伴聯手在大陸提供服務，九〇年代則全力發展中國代理的網路，擴大快遞服務涵蓋的範圍，提高服務效率。中國大陸的聯邦快遞近年的發展如下：

1991年，聯邦快遞與中國海關電子聯網的快遞公司成立，聯網於1994年4月並始於上海。

1995年聯邦快遞開始自置專機，服務擴展至重件空運。

1996年聯邦快遞獲准在中國和美國之間直飛。隨即開始以自己的機隊，每週兩班飛往北京和上海。

1996年9月，北京、上海與聯邦的亞洲翌日快遞服務網路相連，貨件經菲律賓轉運中心運達亞洲各大城市。

1997年聯邦快遞在網際網路上推出亞太區關稅資料庫，提供二十四小時查詢亞太國家關稅及海關規定的服務。

1998年開設三個聯邦快遞服務中心，設立免費服務熱線以加強合作夥

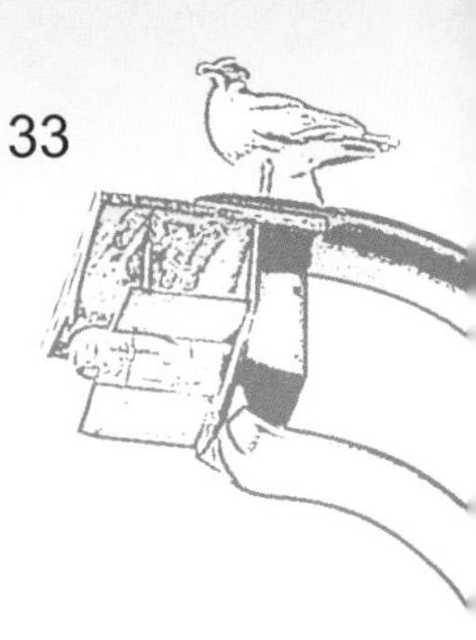

伴所提供的服務。

在亞洲，聯邦快遞擁有衆多運輸線路的專有使用權，其中包括進出中國境内的唯一線路，這些優勢使聯邦快遞在跨地域業務中獨佔鰲頭。聯邦快遞在菲律賓的蘇比克海灣建立了一座中轉站，並在臺灣成立了聯邦快遞的辦事處。

事實上，對聯邦快遞來說，海外業務比美國本土業務更為有利可圖。CFO機構的格拉夫預測：聯邦快遞快速增長的國際運輸利潤，將在5年之内超過其國内利潤。

回顧聯邦快遞的創業過程，其中充滿重重的困難，而史密斯卻能一一克服，這與他大學畢業後的四年軍旅生涯的經歷是分不開的。

創業不是一個個人行爲，而是創業領導人的重要責任。創業者的領導統御與溝通能力對創業的成敗至關重要，而許多創業個案顯示，創業者的冒險精神與領導統御能力與其人格特質、經驗背景有密切的關係。

聯邦快遞，一個海軍陸戰隊員創造的神話。非常平凡的模式，然而神話還在繼續。

第2章

華碩的一飛沖天

華碩電腦公司成立於1989年4月。多年來華碩致力於高品質主機板的研發設計，並秉持多元化的發展方略，業務迅速涵蓋筆記型電腦、伺服器、顯示卡、通訊類等電腦資訊相關產品，至今已成為全世界IT界最重要的領導廠商之一。華碩電腦公司堅強的研發陣容，親切與快速的服務品質和高度的員工向心力，讓華碩一直以穩定而快速的步伐前進，也因此能領先競爭者，提供最先進的產品及有利的商機給其所有的合作夥伴。

1 一飛沖天的華碩

成立十餘年以來，華碩電腦公司已經成長爲全球性的企業，並在世界各地擁有超過19,360名員工。在臺灣、美國與德國公司均設有行銷部門。華碩客戶服務中心在全球已設有11個分部，讓華碩的事業夥伴及產品使用者能獲得高品質、迅速即時的支援。華碩的使用客戶超過50個地區，包括頂級的OEM廠商、上游經銷商、供應商及系統整合業者。華碩擁有廣闊的銷售網路及超過300條的通路，以提供使用者專業的技術知識及支援服務。

華碩電腦是一家擁有世界頂尖研發團隊的科技公司，一向以高品質科技創新而聞名，是３Ｃ產品的領導者之一。2003年華碩主機板出貨量高達三千萬片，全世界所售出的桌上型電腦當中，每六台就有一台使用華碩主機板。若將華碩所售出的電腦一字排開，長度將會超過紐約到洛杉磯的距離。華碩在2003年的盈收達到了六十億美元，比起2002年增長將近一倍。

華碩靠高品質獲得了可觀的利潤，在全球主機板的利潤平均只在10％以下，有的甚至僅3％～5％的情況下，華碩主機板的利潤卻在20%以上。儘管華碩主機板的售價比一般的產品貴三成，但仍然供不應求。主機板在電腦裡扮演的角色是很重要的，它會影響到整個的相容度、穩定度，因此，華碩對任何品質問題絕不妥協。「一家公司的利潤一定要建立在你眞正有價値的地方。」

近20年來，科技已經徹底改變了我們的生活和探索世界的方式，讓我們在工作、遊戲、學習和通訊各方面都有了前所未有的體驗。就在這股風潮方興未艾之際，華碩電腦已在這場變革中奠定根基。

到目前爲止，華碩已經成爲世界最大的主機板廠商。華碩主機板在全球各地的銷售量已累計近一億片，世界上平均每六台個人電腦中就有一台是使用華碩主機板。

2 人有大境界才能做大事

華碩之所以發展到現在的程度，與施崇棠的努力是分不開的。

1952年，施崇棠出生於一個公務員家庭。畢業於臺灣大學電機系的他，在部屬眼中是個溫柔、敦厚的「教授型」領導者，「諄諄教誨、對每個人都很客氣、情緒從不大起大落」。但是像他這樣儒雅、溫和的人，身上卻藏著一股果敢的衝勁。

施崇棠在臺灣一直頗受仰慕，股東們爭著請他簽名，學生以其爲榮，同行對其信服。大名鼎鼎的施崇棠雖沒有半點架子，但並不妨礙施崇棠超拔氣度的自然流露，這種氣度使得華碩吸引了很多頂尖人才。「人有大境界才能做大事。」這句話在施崇棠身上很適用。施崇棠曾說過：「中國人都很優秀、很聰明，要盡量把自己的能力發揮到極限。但是中國人要把自己的缺點稍稍放掉一些，團結起來，那麼我們在國際上的機會眞的會很大，21世紀我覺得我們很有機會。」

1994年，施崇棠一到華碩就開始和英代爾較勁，想要爭做世界主機板的老大。然而誰也沒有想到的是，他僅用3年就甩開了英代爾，還把當時世界第一大主機板廠商Micronics打得落花流水，一躍成爲行業老大。更令人想不到的是，施崇棠讓華碩的銷售業績成長了12倍，利潤高達20%以上，讓全球所有主機板廠商咋舌不已。1999年年初美國《商業週刊》評選全球100家表現最佳的IT企業，華碩憑著其「頂尖的工程水準」和「銷售成長85%」被排在第18位。

施崇棠玩科技玩得很深入，在生活上他卻像是一杯白開水：不吸煙、不喝酒、不喝茶，也不喝咖啡。

在來華碩之前，施崇棠曾在宏碁工作了15年，專門負責宏碁整個技術的研究和發展。當初施崇棠率領宏碁員工搶在IBM之前開發出386電腦，僅比康柏的速度慢了兩個月，但性能卻比康柏快了大概7%。施崇棠曾親自帶宏碁電腦到拉斯維加斯參加展覽，並且大爲轟動，使宏碁的名字登上了國際舞臺。

在資訊產業內「混跡」多年，讓施崇棠體認到一個規律：在這個行業裡，要想過好日子就一定要做到前兩名，否則日子就不會好過。

要做到前兩名，在技術上就必須出類拔萃，既精又專。華碩的工程師受訓時，施崇棠最常對大家說的一句話就是：「回去把電磁學再念二、三十遍，念到不只know how，還要know why。只有知其所以然，才能更透徹，技術的大浪無論怎麼打來，都可以站在大浪之前。」

然而施崇棠的這種想法在宏碁卻無法全面施展，因爲宏碁當時雖然也在做主機板，但還是偏向以系統爲主，在全世界打個人電腦品牌，而施崇棠認爲在全球競爭這麼激烈的電腦產業裡，一定要做得非常精才可以。

華碩是由施崇棠的幾個愛將童子賢等人離開宏碁之後創立的，當時，施崇棠也很認同這種做法。他也非常希望能施展自己的才能。但宏碁當時處於虧損階段，而施崇堂在宏碁已工作近10年，施崇棠不想在宏碁艱難時放棄宏碁，所以，他當時只能用資金來支持創業之初的華碩，而自己則繼續留在宏碁。

1993年，宏碁在施振榮的領導下走出了低潮，各個方面開始好轉，但這時的華碩公司卻出現了問題。雖然那時華碩成立後曾在兩年內取得了一些小名氣，比如別人做386時，華碩已經在做486，但華碩的人才不斷流失，技術上也遇到一些難以解決的問題，這使得華碩的成長在1993年緩慢了下來。這一年華碩的營業收入與上一年的營業收入基本持平，利潤也不甚理想。施崇棠的個性比較喜歡挑戰，在華碩陷入困境之後，施崇棠與宏碁老闆施振榮交談很久，在那一年年底離開了宏碁，來到華碩擔任董事長兼總經理的職務，開始了他的創業生涯。那年，他已42歲。

施崇棠到華碩那年，全球主機板正處於一個技術比較平緩的時期，大家都在做同樣的東西。1994年，主機板的老大是美國的Micronics，而英代爾那時也開始推出主機板，並喊出第一年要做1000萬片的口號，在當時，1000萬是很大的數目，對華碩來說是極大的威脅。

「大家都能記住世界最高峰的名字，但卻不記得第二高峰是哪一個。只有在技術和產品上最領先，加上市場上的宣傳，才會有最好的效果。」懷著這種信念，施崇棠一到華碩，便把華碩定位於電腦主機板業裡的老大。因此，他把華碩規畫得很大、很遠：最高的領先、最佳的穩定度、最一流的設計、最一流的產品。

3 尋找一等一的人才

要實現業界老大的夢想，就必須廣徵一等一的人才。在這方面，施崇棠有一個最有利的條件，就是他在業界待的時間很長，在臺灣和美國認識業界很多人，再加上他自身是技術出身，對哪些人眞行、哪些人不行都比較瞭解。另外華碩也從最好的學校選擇優秀的畢業生，並對他們進行有系統的訓練。這樣，華碩擁有了一批自己的人才。

但是，在華碩創立之初，要想招到一等一的人才是相當不容易的。

爲了找到眞正的人才，找到那些比較資深的人才和專業新人，施崇棠可謂煞費了苦心，他到處三顧茅廬，到處打電話。當然，他在待遇上也對他們做了承諾，但在當時的條件下，也給不出太多東西，不過對一個好的工程師而言，他並不完全看重收入和股票，他們對其他部分還是很重視。

經過施崇棠的努力與誠意，華碩陸陸續續招募了很多人才，再加上原有的技術能力，華碩的人力資源已經相當雄厚了。

如今，華碩已經在全球站穩了腳步，所以人才都願意加入華碩，但華碩對這些人才並不是全盤接受，他們先在好學校中挑選精英，進入華碩之後不會讓他們立即上線，而是從最基礎的部分重新開始訓練，有的甚至在6個月內都沒有實際去工作。

招攬人才不容易，留住人才就更不容易了。在華碩，留住人才的關鍵在於：讓員工在物質上與精神上都得到最大的回饋，並盡量與公司成敗結合在一起，讓大家的潛力能完全發揮出來。

有點本事的人往往愛跳槽或自行創業，流動率往往很高。施崇棠對這一點非常瞭解，所以華碩在這方面下了比別人更大的功夫，再加上施崇棠和華碩的許多主管人員都是技術出身，所以他們非常瞭解技術人員的心理。華碩在人力資源方面很早就做了規畫，爲的是把員工的心留下來。

只考慮員工的物質需求不足以留下員工的心，因此還要考慮員工的精神需求，施崇棠這樣認爲。在這一點上，施崇棠很注重給員工成就感。例如，雖然華碩的研發費用每年只占華碩營業額的2%，但由於華碩主機板已建立起相當的名聲，再加上好的工程師聚集一堂，對其他優秀的工程師自然也是一種吸引力。

在華碩，聚集了很多技術高手，高手與高手一起工作，他們會覺得很興奮，再加上華碩給他們配備了最好的設備，讓他們與公司的成敗結合在一起。因此，華碩技術人才的流動率不到1%，這是很少見的。

儘管華碩電腦已經成爲全世界知名的大公司，但華碩公司的總部卻設在一座陳舊的四層大樓上。別看這座四層大樓的總部外觀不起眼，地下室卻有一座頗爲現代化的大游泳池。這是專爲那些技術人員的業餘活動建造的。

不能讓技術人員一味地只想技術上的事，這是施崇棠非常重視的一點，他覺得如果技術人員只懂技術，就會慢慢與市場脫節。

在宏碁時，施崇棠就一直在考慮一個問題，即「怎樣把技術與市場做一個最適當的結合」，並在實踐中得到了印證。在宏碁時，施崇棠曾硬著頭皮親自到當時第二大電腦廠商Unisys公司見習，因爲只有這樣做，才能在技術與市場上找到一個平衡點，太過技術導向的東西，雖然會很叫座，有時卻不會被市場所接受，比如蘋果電腦推出的掌上電腦Newton（牛頓），就是叫好卻不叫座的典型。如果技術與市場達到成熟點，用棋友的話來說，就是車、馬、炮都配合好時，整盤棋才能眞正發揮出威力來。

4 沖天之法

高品質可以決定一切，施崇棠在來到華碩後所做的第一件大事，就是爲公司立下一條鐵律：任何情況下，都絕不在品質上低頭和妥協。在華碩，研發工作是以解決問題的效率來要求的，例如，好的工程師可以在最快的時間內解決一切問題，而技術不熟練的工程師可能必須花上數倍時間，這些都是「品質」問題。

頂尖的工程是華碩的命脈。華碩每一項產品在上市前，都要經過數百、甚至上千項的測試，華碩人把這樣的測試叫做「18銅人認證」(註：據說，如果在少林寺學功夫，想要出師的話，一定要與18個銅人比武承受住他們的十八般考驗才能出師)。由此可見華碩對品質的要求程度。

一般公司都是在產品生產完成後才做品管檢查，而華碩則把這一工序安排在研發階段，在量產前解決所有的問題。

同時，華碩還有一套完整的品質監控程序，其中包括：進廠零件品質監控、生產過程品質監控、可靠性測試和環境測試等。在設計階段，華碩研發部門即舉行了多次設計研討和程式測試。

在生產階段，使用高品質的SMT和自動測試設備，所有華碩的產品在生產線上皆需通過非常嚴格的測試和燒機測試。

華碩主機板的銷售範圍很廣，主要包括世界級的「大蟒蛇」、很多國家的「地頭蛇」，還有各地的「螞蟻雄兵」（註：大蟒蛇，地頭蛇和螞蟻雄兵在這裡指華碩的各級代理商）等，使華碩的銷售量達到最大化。這是一種比較穩健的做法。施崇棠認爲只要有合作夥伴便可建立競爭優勢。套用他的話：「華碩在全球各地有許多『地頭蛇』，只要上游的合作夥伴訂定新的規格，華碩與下游的地頭蛇立刻能連成一線，共同推動新規格的成熟化，並進一步成爲主流，現在不能只是『time to market』（即時到市場），還必須是『time to volume』（即時到量產）。」

針對各個國家，華碩的行銷策略各有不同。根據各個國家的不同現狀，掌握原有的優勢，華碩盡量把全世界各種不同的客戶都抓住。

當今社會，技術趨勢已經不再是IBM、康柏所能左右的，而是由英代爾、微軟等公司來決定的，而在英代爾和微軟發表他們的新產品時，華碩也對外宣佈可以量產。華碩相信，利用技術上的優勢、速度上的優勢、彈性上的優勢，華碩同樣可以取得成功。

華碩把全世界各個廠商都當作華碩的客戶。施崇棠把OEM與分銷一起考慮，他認爲，利用設計優勢加上生產優勢，給外國大公司做OEM，利用各種方式來做，這種做法比較穩健。

5 與英代爾硬碰硬

施崇棠剛來到華碩時，就把英代爾當成了第一目標，當時很多人都勸他不要這樣，因爲在當時，英代爾是這一行業的老大，而華碩只是剛剛起步，小有成績而已。

但施崇棠卻不這樣認爲，他認爲這些對他來說根本就不是障礙，最重要的是自己要不斷努力，把自己的競爭力眞正提升起來。

施崇棠認爲：以技術爲根底，加上好的市場策略，內外兼修，華碩大可以闖出一番天地來。在當時，這仍是一個比較大的挑戰。

後來證明，憑技術和品質穩定度，再加上臺灣整個的效率、成本、彈性優勢，華碩絕對有機會超越英代爾。時間證明，施崇棠的做法是對的。

1994年，英代爾當時比較擔心IBM、摩托羅拉、蘋果公司聯合推出的Power PC。爲此，英代爾還把Pentium 100推出的時間表從當年的5月移到了3月，想以此保住市場競爭力。英代爾在全球選擇了包括華碩在內的三家主機板廠商試產。當時英代爾有兩個CPU，原本只希望一個CPU能夠與主機板搭配運作，但當時華碩的主機板卻能讓兩個CPU都運作起來。當時華碩並沒有微軟公司Windows NT的幫助，那是多麼困難的條件，而華碩竟然把品質提升到這麼高，英代爾不得不對華碩另眼相看。在歐洲電腦展上，也只有華碩一家主機板上的兩個CPU在運轉，華碩的主機板還被德國最有名的雜誌T.Magazin做爲封面。由於華碩在技術上的領先，因而成爲英代爾的長期合作夥伴，這也使華碩本身受益匪淺。

過去主機板代工均「各有其主」，關係不易改變，華碩之所以能不斷接到大訂單，主因就在高品質。

就目前來說，世界級的大客戶在華碩的客戶中占的比重很平均。在英代爾統治的時期，惠普主機板均交由英代爾代爲加工，後來，隨著華碩的進一步成長與高品質的承諾，1996年年底，惠普科技主機板的代工訂單一部分交給了華碩，惠普對華碩的品質也十分滿意。

從華碩創立至今，銷售已遍佈世界各地，打破了英代爾想在主機板領域當霸主的夢想，擊垮了Mironics老大的寶座，並於1996年成爲國際知名第一品牌，成爲全球最大的主機板廠商。這一切都是施崇棠夢想實現的。

華碩的「戰線」越拉越大，把施崇棠忙壞了。施崇棠在華碩主掌技術、市場及整個公司的戰略，在策略上又兼顧長期和短期的策略。施崇棠比較重視技術與市場的搭配，所以他常常會到基層去或跑到最前線，以銷售代表的身分爭取一些最主要的客戶。

施崇棠認爲，在IT業掌握競爭的脈動是很重要的，不能脫離這個實質，如果只追求形式上的東西，就沒有辦法維持戰果。

6 兵發六路

世界上許多大企業在建立起自己的地位後，都開始朝著多元化發展，華碩也不例外。

1996年，華碩在國際市場上建立起主機板的地位後，也開始朝別的領域擴張。不到三年的時間，華碩分別涉足筆記型電腦、多媒體、伺服器領域。在這些領域裡，施崇棠仍舊堅持高品質、高價格策略。筆記型電腦和伺服器在技術上的考驗層次甚至還會更高一些。

施崇棠認爲，無論做主機板、筆記型電腦還是伺服器，對那些世界級的競爭對手的技術底細一定要非常瞭解，如果對競爭對手的情況一無所知，那麼在這場競爭中，是絕對不能取勝的。

在涉足每個領域之前，華碩對市場都進行了周密的調查，所以，在朝多元化發展的過程中，華碩算是比較順利的。

筆記型電腦在很多方面都有很大的發展空間，人們對筆記型電腦的要求是愈小愈輕、頻率愈高愈好。還有保持高穩定度、電池持續的時間等問題，都有很好的發展機會。1998年，華碩在筆記型電腦上拿了18個獎。由於華碩電腦的穩定度高，有兩台機器在俄羅斯還登上了太空。

施崇棠非常認同比爾·蓋茲「由技術看未來」的觀念，他認爲，在後PC時代，最大的變化是電腦技術、通信技術及多媒體技術或消費性電子技術會出現整合，即3C整合（Computer、Communication、Consumer）。因此，施崇棠覺得華碩未來不應該以主機板定位，而是以3C整合定位。華碩之所以在推出主機板之後選擇筆記型電腦或是伺服器，是因爲網際網路將會使全球的互動關係更加密切；同時施崇棠也預期，使用網際網路的人口快速增加後，對於傳遞聲音的電腦周邊產品需求將會增加，因此，華碩也跨足3D卡等附加卡生產領域，並在3D圖形上做得也比較有特色。目前，華碩在3D圖形上的性能是最高的，同時在軟體上也下了很大的功夫，並做了一些改良，使得所有3D變得更有深度。推出不久就受到了網際網路用戶的關注。

華碩對未來的發展方向做了周延的思考，主機板依然是華碩的主項，但持續向其他領域擴張。

華碩要求，設計主機板時，不能只把它看作是設計主機板本身，而要以系統的觀念來設計主機板，而設計筆記型電腦和伺服器則是在系統技術上的考驗，這正好可以使華碩的技術得以徹底發揮。對選擇的這幾個領域，施崇棠都經過周密的研究調查，並堅持在這幾個領域裡也要做到和主機板一樣精，這是華碩的另一個目標。施崇棠相信，在不久的將來，華碩同樣可以在這些領域拔得頭籌。

第3章

遊戲於深潛死亡遊戲

通用電氣公司（即：奇異電器）的歷史，可追溯到湯瑪斯・愛迪生。愛迪生於1878年創立了愛迪生電燈公司。1892年，愛迪生電燈公司與湯姆森——休斯頓電氣公司合併，成立了通用電氣公司（GE）。通用公司總部設在美國康乃狄克州菲爾法爾德鎮。GE是自道瓊工業指數1896年設立以來，唯一至今仍在指數榜上的公司。

1981年4月，年僅45歲的傑克・威爾許成為通用電氣公司歷史上最年輕的董事長兼執行長。自威爾許接掌GE第8任總裁以來，直到1998年，GE各項主要指標皆保持著兩位數的增長。在此期間，GE的年收益從250億美元增長到1,005億美元，淨利潤從15億美元上升為93億美元，而員工則從40萬人削減至30萬人。到1998年底，GE的市場超過了2,800億美元，已連續多年名列「財富500」，並多次在「全球最受推崇的公司」評選中名列前茅。

1 通用電氣排行榜

我們先看一看通用電氣在歷史上和它的各項排行榜。因爲只有瞭解它的發展史，才會清楚威爾許的這場遊戲的危險性有多大。

2002年銷售收入：1,317 億美元。

2002年淨利潤：會計累計變動前151 億美元（每股 1.51美元），變動後141億美元（每股1.41美元）。

2002年經營運作產生的現金流量：達到152億美元（不包括客戶預付款）。

2002年上市股票：99.47億股。

配股：GE的股東已核准了9次配股。最近的一次是2000年4月1配3。股東還通過了自1983年以來1配2。1926年購買的一股GE股票在今天價値4,608股。

2002年國際收入：529億美元 （全部收入的40%）。

2002年總資產：5750億美元。

《金融時報》——全球最受尊敬的公司（1999年，2000年，2001年，2002年，2003年）。

《科學》雜誌——50位全美科技領袖之一（2002年）。

《財富》雜誌——全球最受推崇的公司（1999年，2000年，2001年，2002年）。

《商業週刊》——十大最傑出董事會（2002年）。

《財富》雜誌——美國最大的財富創造者（1998年，1999年，2000年）。

《富比士》雜誌——「超級100家公司」第一位（1998年，1999年）。

《商業週刊》——「最大1000家」第一位（1999年）。

《商業週刊》——「最佳25家公司董事會」第一位（2000年）。

《網際網路週刊》——年度最佳電子商務企業（2000年）。

GE是世界上最大的多元化服務性公司，同時也是高品質、高科技工業和消費產品的提供者。從飛機發動機、發電設備到金融服務，從醫療顯影、電視節目到塑膠都是GE涉足的領域，它致力於透過多項技術和服務爲人類創造更美好的生活。GE以其高科技的產品、全心的服務、先進的管理和人力培訓理念、成功的多元化業務模式著稱於世。

GE也是全球最大的跨行業經營的科技、製造和服務型企業之一，已在全球100多個國家開展業務，員工超過30萬人。

1935年11月19日，威爾許出生於麻塞諸塞州薩蘭姆市，1957年獲得麻塞諸塞州大學化學工程學士學位，1960年獲得伊

2 威爾許的死亡遊戲

1935年11月19日，威爾許出生於麻塞諸塞州薩蘭姆市，1957年獲得麻塞諸塞州大學化學工程學士學位，1960年獲得伊利諾大學化學工程博士學位，同年加入GE塑膠事業部。1971年底，威爾許成爲GE公司化學與冶金事業部總經理。1979年8月成爲通用公司副董事長。1981年，威爾許正式接任GE公司董事長兼執行長。

使GE的銷售額從250億美元攀升到1110億美元，使GE的盈利從15億美元飆升到107億美元，使GE一次又一次地登上「全美最受推崇公司」的寶座……威爾許無疑是優秀的，所以他被人們稱爲世界的經理人。那麼他對自己的成就是如何評價的呢？

威爾許的答案只有兩個字：「深潛」。這一點，從威爾許的自傳中我們會有深刻的體會。

在威爾許的眼裡，「深潛」就是一頭鑽進去，一直鑽到最基層，跟最基層的員工在一起工作，這就是他常說的「打滾，做表率」。

威爾許要求別人的，自己當然要做表率。他始終堅持如此做，直到他擔任GE公司執行長的最後幾天，而且他對「深潛」這個遊戲簡直是樂此不疲。

相對的，威爾許「深潛」的效果也相當顯著。

在GE，執行長職位是一個實質上的戰略決策者、方向制定者、企業精神的領袖。以GE百年來打造的嚴謹管理體系和精英團隊，身為執行長的威爾許根本不需要介入實際的業務中，照理說，他只需要揮揮手動動口即可，但威爾許認為，如果遠離了實際業務，會使他面臨變成空中樓閣的危機。「深潛」就是解決這一危機的最好辦法，它能讓威爾許的資訊觸角伸入GE的業務基層，深入地瞭解他的業務和員工，為掌控這個龐大的商業帝國提供準確的基層資訊。

威爾許把在各種場合與下屬討論問題稱之為「打滾」，他經常說的一個口號就是「我們進去打滾吧！」如果他發現GE某個環節出現了問題，他就會到會議室或工作現場跟大家一起研

究，其間甚至還會開玩笑或罵人。很多好點子和想法都是在這種無拘無束的過程中誕生的。威爾許的「打滾」，其實就是在傳統的會議這種管理溝通方式上，運用「深潛」思想的一種創新。

「深潛」是一個難以拿捏平衡點的「死亡遊戲」。如果你不得不玩它，那就必須明白，它可能產生的危害在哪裡。威爾許對這一點有較爲深刻的認知。

「把自己的職位拋到腦後」，這是威爾許對「深潛」的詮釋所作的補充，它也是「深潛」能獲得成功的重要前提。

如你一味地把自己定位於領導階層，無法完成這種角色的轉換，那災難性的結果是絕對可以預見的。在這種情況下，「深潛者」往往不能像一線員工那樣具備豐富的工貫務知識，甚至在某種情況下，他們連當一個團隊新成員的基本資格都不具備。如果團隊成員不敢「犯上作亂」地指出「深潛者」的錯誤，「有違綱常」地拋棄「深潛者」的提案，結果只會使企業在錯誤的路線上發展下去，甚至倒退。其實，「深潛者」的角色轉換，不但不容易讓業務單位的團隊成員接受，同時也不容易讓業務單位的直屬上司接受。所以，可不能小覷了「深潛」這兩個字，要做到還眞不容易。

透過下面這個例子，來看看威爾許是怎麼深潛的。

GE從1950年代就開始生產工業鑽石。這種鑽石是石墨在極高的溫度與壓力下發生反應而轉化生成的。這種鑽石不是寶石級的，主要應用在重工業裡的切割刀具和研磨輪上。工業鑽石公司的總裁是比爾・伍德波恩（Bill Woodburn）。1998年，GE塑膠公司的執行長蓋瑞・羅傑斯和比爾・伍德波恩要求來費爾菲爾德，與威爾許進行「秘密會談」。

其實當時威爾許對鑽石並不是很瞭解，但他一直都想對此有個深入的認識。機會來了。

蓋瑞和比爾來到威爾許的辦公室，向威爾許出示了一包棕色的天然石頭和六個包著藍色麂皮的寶石盒子，裡面裝著絢爛奪目的寶石級鑽石。他們兩人說話的音量本來就很小，這一次幾乎就像耳語。他們告訴威爾許，美國的科學家已經發明了一種能夠從礦土中提取天然棕色金剛石的方法，並能完成自然的

轉化過程，獲得純淨的珍貴鑽石。而這種新工技的實質就是重新創造出在地核深處數千年生成鑽石的條件，以人工完成大自然已經開始的過程。

威爾許本來就是一個喜歡湊熱鬧的人，他不禁為這一新技術可能產生的巨大商機而興奮不已。和以往一樣，他迫不及待地投入蓋瑞和比爾的談話中。眼前的這幾顆鑽石似乎成了一項偉大而又有趣的工程，似乎讓人進入了一個全新的、能給消費行業帶來挑戰的階段。

威爾許非常看好加工鑽石這一技術，所以他很快成了比爾的頭號支持者。並決定幫助比爾籌集各種資源。為促成這件事，在隨後的三年裡，威爾許和比爾一起參加了無數次的會議，提供諮詢。從給這些鑽石命名，到如何為這些鑽石定價。

這一過程聽起來相當容易，但真要做起來就難了。事實上，沒有什麼事情比進入這個已經有幾個世紀歷史的古老行業更困難的了。由於擔心GE鑽石公司會破壞鑽石的定價，古老的安特衛普鑽石貿易與批發商協會不擇手段地要把GE鑽石公司排擠出這個行業。他們甚至出示虛假的鑑定報告，蔑稱鑽石公司的鑽石是人造贗品，不值得擁有。安特衛普的聯合抵制使GE鑽石公司無法向這個協會批發出售。

為了促銷，GE鑽石公司的鑽石不得不向自己的員工打折出售，到目前為止，GE公司的員工還一直在購買自己公司生產的鑽石，購買量大約是每月10萬美元以上。有時，威爾許甚至以這種折扣方式向公司董事會的成員推薦購買。想要做到威爾許這一點是相當不容易的。GE公司的所有人都非常尊重威爾許，為了響應威爾許的號召，有幾個董事買了鑽石，價格從26000美元到410000美元不等。而這一舉動為GE工業鑽石公司的銷售打開了出路。

3 GE的企業文化：精簡與自信

威爾許曾說過一句話：「如果你想讓列車時速再快10公里，只需要加一馬力；而若想使車速增加一倍，就必須更換鐵軌了。資產重組可以一時提高公司的生產力，但若沒有文化上的改變，就無法維持高生產力的。」為了使GE能更具競爭力，在硬體上，威爾許以他著名的「數一數二」論來裁減規模，進而構建扁平化結構，重組通用電氣；在軟體上，威爾許則試圖改變整個企業的文化與員工的思考模式。由此可見，企業文化在GE被威爾許看得至關重要。

威爾許認為精簡、自信是現代企業走向成功的必備條件。

那「精簡」的內涵是什麼呢？首先，精簡是思維的集中。在GE，威爾許會設定5個策略性問題，要求主管人員回答，這些問題涉及自身的過去、現在和未來，以及對手的過去、現在和未來，而主管人員必須用書面形式作答。威爾許認為，扼要的問題會使你明白自己眞正該花時間去思考的到底是什麼，而書面形式則強迫你必須把自己的思緒整理得更加條理清晰。其次，精簡是外部流程的明晰。

在GE，威爾許要求對每一項工作都繪出流程圖，清楚地揭示每一個細微步驟的順序與關係。流程圖完成後，員工便可以對全局一目瞭然。「光速」和「子彈列車」是威爾許常用的兩個辭彙。他堅信：只有速度足夠快的企業才能持續生存下去，必須先發制人來適應環境的變化。同時，新產品的開發速度也必須加快。

威爾許也非常重視「自信」，甚至把「永遠自信」列爲美國能夠領先世界的三大法寶之一。他認爲，精簡的基礎是自信。而培養企業員工自信心的辦法就是授權與尊重。給員工贏得勝利的機會，讓他們從自己所扮演的角色中獲得自信。

在GE，威爾許每次都對員工提出看似過高的要求，他把這一概念叫做「擴展」。

威爾許認爲，當我們想要達成這些看似不可能的目標時，

往往就會使出渾身解數，展現一些非凡的能力。而且，即使到最後仍然沒有成功，我們的表現也會比過去出色。在GE，「擴展目標」只是一種激勵的手段，並非考核的標準。此外，當員工受挫時，威爾許會以正面的酬賞來鼓舞他們，他覺得這時候的員工其實已經開始在改變了，若因爲失敗而受到處罰，大家就不敢輕舉妄動了。

威爾許還認爲，企業主管的「忙碌」與「閒適」是相對的，如果你整天都在忙東忙西，但要你回想一天都做了些什麼，你卻只能說出一兩件，其餘的都是些沒有意義的事，那麼即使你這一天再忙碌，工作再認眞，在GE，事情也不會交由你來做。威爾許不是那種只重形式不重效率，只求數量不問收益的執行長，他會把這兩方面都兼顧周全。

威爾許會抽出時間與精力尋找合適的主管人員，並激發他們的工作動機，以「光速」將他們擴展到企業的每個角落。威爾許堅信自己一手拿著水杯，一手拿著化學肥料的工作方式，會讓一切變得枝繁葉茂。

此外，通用很注意社會公益活動的參與。

GE Elfun，是一個由居住在世界各地 90多個社區的 40000名GE 員工和退休員工組成的社區服務組織，它在2000年，提前一年實現了每年130萬小時義務勞動。主要貢獻包括：全球800個社區服務項目、100個操場建設或改造專案、25個食品項目，以及150個校園輔導項目。

GE公司和GE基金會每年貢獻9000多萬美元用於資助世界各地的教育、藝術、環境和社會服務機構。

4 GE的情感管理

GE的成就，與它採用注重員工情感的人本管理方式是分不開的。

GE成功地詮釋並實施情感管理，揭示了情感管理的內涵。GE公司認爲，情感管理的要素是「企業就是大家庭」、「員工至上」、「公司內民主」。

將企業培養成一個大家庭是一種「高感情」的管理方式。身爲高科技企業通用電氣所面臨的競爭是相當激烈的，而且風險大，在這種情況下，更需要這種「高感情」管理。通用公司像一個和睦、奮進的「大家庭」，從上到下直呼其名，無尊卑之分，互相尊重，彼此信賴，人與人之間關係融洽、親切。通用電氣公司每任總裁都會努力培養全體員工「大家庭情感」的企業文化，公司主管和員工都要對該企業特有的文化身體力行，愛廠如家。從公司的總裁到各級主管都實行「門戶開放」政策，歡迎員工們隨時進入他們的辦公室反映情況，對於員工的來信、來訪都能負責地妥善處理。公司的最高首腦與全體員工每年至少舉行一次活潑、熱烈的「自由討論」。

在通用，不但強調尊重員工，而且在企業發展中的功能優先性也能表現出這一點。

1990年2月，通用公司的機械工程師波涅特在領薪水時，發現少了30美元加班費。爲此，他去找自己的主管，而這位主管表示無能爲力。於是波涅特便給公司總裁寫信，聲稱已有一大批優秀人才感到失望了。當時通用公司的總裁立即交代最高管理部門妥善處理此事。三天後，有關部門補發了伯涅特的薪水。事情並沒有就此結束，通用公司還拿這件爲員工補發薪資的小事大做文章。向波涅特道歉不說，在這件事情的帶動下，公司還派專人去瞭解那些「優秀人才」待遇較低的問題，調整了薪資政策，提高了機械工程師的加班費，並向著名的《華爾街日報》披露這一事件的整個過程，在美國企業界引起了不小的轟動。

這件事情雖小，卻能反映出通用電氣公司「員工至上」的管理理念。

通用電氣公司內的民主，不但有助於企業各部門及人員之間的關係融洽，而且有利於決策的科學性和提高生產率。爲使

民主典型地反映在公司人事管理上，通用公司近年來改變了以往的人事調配的做法，反其道而行之，開創了由員工自行評斷自己的品格和能力、選擇自己希望工作的場所、盡可能由其自己決定工作前途的「民主化」人事管理制度。在通用，這種制度被稱爲「建言報告」。

此外，通用公司還別出心裁地要求每位員工寫一份「施政報告」，從1983年起每週三由基層員工輪流當一天「廠長」。「一日廠長」9點上班，先聽取各部門主管的彙報，對全公司營運有了全盤瞭解後，即巡視各部門。「一日廠長」的意見，都詳細記載在《工作日記》上。各部門的主管依據其意見，隨時改進自己的工作，並在幹部會議上提出改進後的成果報告，獲得認可後方能結案。各部門主管或員工送來的報告，需經「一日廠長」簽批後再呈報廠長。

5「深潛」於中國大陸

在威爾許的自傳中，有衆多關於「深潛」的完美描述，我們見到的重要字眼不乏「公平」、「無拘無束」等，而這種公平是建立在扁平的非官僚機構的公司架構之上。

威爾許和通用公司成功了，全世界經理人都開始仿效。有些人不禁要問，「深潛」在中國大陸行得通嗎？雖不能說「深潛」無法在中國企業內運作，至少就目前來講，中國企業的架構不會也不可能有這樣的基礎。而且，中國企業內部和外部環境都不成熟，要想眞正運用「深潛」來解決目前企業中存在的很多溝通和資訊方面的問題，中國企業尚需三思而行。如果一味追隨威爾許，到時很可能有溺水的可能。

在中國大陸，大多數的管理者所面臨的問題恰恰與威爾許所面臨的問題相反。由於舊官僚機制的影響，企業機制的不完善、企業人才的缺乏和中國傳統觀念的限制，管理者的角色與定位往往是不明確的，經常是一個總經理還得附帶幾個副總經理。事事親力親爲的結果，使中國大陸出現了大批集業務員、技術員、管理者等角色於一體的「雜工式」管理者。他們已經在企業的業務層次裡「潛」得太深了。

對於優秀的管理者來說，「把自己的職位拋到腦後」，做到像威爾許這樣的並不難。關鍵在於，你「深潛」到的那個業務單位裡的員工，是否也能將「你的」職位拋到腦後？他們會把你視爲一個平等的團隊成員嗎？以中國人而言應該是不能的，他們會依然把你看作一個高高在上的領導者。所以，這種角色轉換的認同是極難達成，特別是在「三綱五常」觀念根深柢固的中國。

綜上所述，可以看出，在中國大陸，不是管理者「潛」得太深，就是不能「潛」，眞正能達到像威爾許所說的「潛」得適中少之又少。

沉溺——解脫——深潛是一種螺旋式上升的模式。GE的企業層次比中國大陸絕大多數的企業層次都要高兩級。離開了GE這種「海」的環境，威爾許的「深潛」恐怕會成爲摧毀企業與執行長的「死亡遊戲」。在中國大陸大多數企業還很難找出有這種魄力的管理者。

威爾許說，他的很多想法一直沒有被採納，如果在中國大陸，你認爲這種事可能在你的企業裡發生嗎？

中國大陸的企業不僅要學習威爾許的「深潛」，更要挖掘像通用一樣的海。

第4章

賣火柴的小男孩和他的家具帝國

瑞典宜家（IKEA）是二十世紀少數幾個令人眩目的商業奇蹟之一。1943年初創時，只有些許「可憐」的文具郵購業務，但不到60年的時間，它就發展到全球180家連鎖店，分佈42個國家，共有7萬多名員工的企業航空母艦，成為全球最大的家居用品零售商。宜家集團2003年度銷售額為113億歐元；創始人英瓦爾．坎普拉德的財產也高達530億美元，曾一度超過高居世界首富10年的微軟總裁比爾．蓋茲，躍居世界新首富。

1 賣火柴的小男孩

在瑞典，人們常把坎普拉德跟瑞典前首相佩爾·阿爾賓·漢森相提並論。漢森於1932年至1949年任瑞典首相，被瑞典人尊稱爲「國父」。

瑞典人說漢森建立了「人民的家」，而裝飾這個家的卻是坎普拉德。坎普拉德說過，宜家的經營哲學，事實上也是在爲瑞典的民主化歷程做貢獻。宜家爲大多數人生產他們買得起、實用、美觀而且廉價的日常用品，這其實就是實事求是的民主精神的一種體現。

1926年，英瓦爾·坎普拉德出生於瑞典南部的斯莫蘭省，由於受家傳影響，坎普拉德的母親精於經商，坎普拉德從小在家族經營的農場艾爾姆塔里德長大，繼承了母親的精明，從小就很懂做生意的方法。從兒時開始，他就有著強烈的賺錢願望，打定主意今後要做個商人，這與他父親費多爾有關。費多爾受過正統的林業教育，他有很多理想，但總是因爲缺錢而無法實現。在坎普拉德五歲時，他就拿火柴在小朋友中推銷。稍大一點後，他開始騎著自行車在周圍地區繼續銷售火柴。坎普拉德發現，從首都斯德哥爾摩可以用很便宜的價格把一些貨物批發來，然後在當地以稍稍高於成本的價格賣出去，雖然賺的很少，但是仍有利可圖。

於是，小坎普拉德開始買進賣出這些可以牟利的商品，如打火機、聖誕卡、聖誕樹裝飾品、花種、原子筆和鉛筆等。有時他還會騎車將釣來的魚送到別的地方去賣。

在坎普拉德十一歲那年，他從一家種子店買樹種賣到一家農場，賺了一筆錢，於是他將自己的那輛舊自行車扔掉，買了一輛新的自行車和一台打字機，那是他一生中第一筆「大買賣」。

2 IKEA史記

1943年，坎普拉德十七歲時，從父親那裡得到了一份畢業禮物，一筆爲數不小的錢。坎普拉德利用這筆錢創立了自己的公司，當時取名爲IKEA（宜家）。宜家（IKEA）這個名字是由人名和地名的第一個字母組合而成的。「I」取自他的名英瓦爾（In-gvar），「K」取自他的姓坎普拉德（Kam-prad），「E」和「A」則分別取自他的出生地、家族農場艾爾姆塔里德（Elmtaryd）和農場附近的村莊阿根納瑞德（Agun-naryd）。最初，宜家是個單純的家庭產業。凡是坎普拉德認爲可以低價吸引顧客的商品，宜家都出售。起初銷售鋼筆、皮夾、畫框、裝飾性桌布、手錶、珠寶以及尼龍襪等……凡是坎普拉德能夠想到的任何低價格產品都賣。

1946年，當地報紙上出現了宜家的第一則廣告。隨著生意的不斷擴大，宜家在當地報紙上開始大量做廣告，並製作簡單的郵購目錄。坎普拉德透過當地的收奶車分銷產品，利用收奶車將產品運送到鄰近的火車站。

1950年，坎普拉德將家具引入宜家的產品系列中。當時宜

家出售的家具主要由當地的製造商生產。此後，宜家的產品受到人們的歡迎，產品種類得以擴充。

1951年，坎普拉德決定停止其他產品的銷售，主攻低價家具的生產和銷售，現在的宜家就是在那時正式出現。

50年代初期，宜家產品系列集中在家居產品上。不久之後，坎普拉德發現宜家陷入與主要競爭對手的一場價格戰中。雙方都降價求售，品質卻沒有保證。所以，在1953年，宜家家具展示間在Almhult揭幕。家具展示間的開張是宜家概念形成過程中的重要一環。透過家具展示間，宜家能夠以立體的方式展示所銷售產品的功能、品質和低價格。

1955年，宜家開始自己設計家具。此舉實際上為以後的發展奠定了基礎。宜家自己設計的家具很有創意，使很多以前家具不具備或不完善的功能得到改進，而且價格較低。從那時起，宜家在設計時開始考慮平板包裝的問題。

1958年，坎普拉德在阿姆霍特開了第一家宜家零售店，這家家具店成為此後「倉儲式」連鎖店的樣板，面積有6,700平方公尺，是當時宜家在北歐最大的家具展示店，後來成爲宜家公司的總部。1963年，坎普拉德把瑞典之外的第一家店開在了挪威首都奧斯陸。此後，宜家的規模持續擴大。

1965年，坎普拉德在斯德哥爾摩開辦了一家宜家商場。該商場規模爲45,800平方公尺，受紐約古根漢博物館的啓發，這家商場的建築被設計成圓形。商場經營得頗成功，但同時也產生了一個問題：顧客太多，員工人手不足。經過周密規畫之後，坎普拉德決定開放倉庫，讓顧客到倉庫自提貨物，從此，宜家概念的重要部分誕生了。

1973年，北歐以外的第一家商場在瑞士蘇黎世郊外開業。該店的成功爲宜家在德國迅速開拓業務鋪了路，目前德國是宜家最大的市場。此後，宜家分別在德國、澳洲、加拿大、奧地利、荷蘭、美國等國家開設宜家商場。到1999年止，宜家已經在世界上四大洲29個國家開設了150家商場，共有員工53,000名。

3 宜家之「行」

產品定位

宜家有自己的經營理念，而且通俗易懂：「提供種類繁多、美觀實用、一般民衆買得起的家居用品」。

宜家創建初期，坎普拉德就決定宜家要與家居用品消費者中的「大多數人」站在一起。也就是說，宜家要滿足很多不同的人不同的需要、品味、夢想、企求，以及財力等。針對這個目標，宜家把產品定位爲「價廉、物美、耐用」的家居用品。

在歐美等已開發國家，宜家成了一般民衆家居用品的供應商。宜家憑著物美價廉、款式新、服務好等特點，在這些國家受到廣大中低收入家庭的歡迎。

1997年，考慮到兒童對於家居用品的需求也很大，宜家開始特別考慮兒童家居物品，其中還有一個原因就是，這個領域競爭並不激烈。

爲了設計更適合兒童需求的產品，宜家與兩支專業隊伍進行了合作來開發產品。由兒童心理學家和兒童遊戲方面的教授幫助IKEA設計、開發可以培養兒童運動能力和創造力的產品。同時，IKEA還找兒童來幫忙評選出優勝產品。宜家展示廳設立了兒童遊戲區，兒童樣品間，餐廳還專門備有兒童食品，所有的一切都受到了孩子們的喜愛。

產品風格

宜家家居的產品皆爲公司獨立設計，風格與衆不同。宜家源自於北歐瑞典，瑞典是一個典型的森林國家，所以宜家產品中的「簡約、清新、自然」亦秉承了北歐風格。大自然和家都在人們生活中佔據了重要的位置，瑞典的家居風格完美重現了大自然，充滿了陽光和清新氣息，同時又樸實無華。這些都是北歐風格的特色。

「簡單即美」這一經典名句概括流行於藝術領域，但如果深入企業經營的藝術範疇就變得非常艱難了。尤其對於規模龐大的國際企業，全球各區域市場差異導致的產品種類增加、流通週期拉長、資訊傳遞延滯、組織結構龐大是這類企業經營成本上升、銷售成長率下降的主要原因。而當你走進宜家時，會發現宜家家具的各方面都近乎完美。

宜家的美就來自於簡單，複雜的企業經營對於宜家來說卻是簡單的商道。追求簡單、完美的民族性格特點，形成了瑞典宜家的企業氣質。

宜家家居用品的風格是瑞典家居設計文化史的凝聚，你會從宜家產品上看到：既現代但又不追趕時髦、實用卻不乏新穎、富有人性化、以人爲本，這些都體現了瑞典家居的古老傳統。走進宜家賣場你可以發現，它的家居用品無論從單件產品還是從家居整體展示，從羅賓床、比斯克桌子到邦格杯子，無不簡約、自然、匠心獨具，既設計精良而又美觀實用。甚至，宜家的這種風格貫穿在產品設計、生產、展示銷售的整個過程。

爲了貫徹這種風格，讓宜家的品牌和專利產品能夠最終遍佈全球，IKEA一直堅持自行設計所有產品並擁有其專利，在宜家，每年都有100多位設計師日以繼夜地瘋狂工作，以保證「全部產品、全部專利」歸宜家所有。

宜家一貫強調產品設計精美、實用、耐用。當然，單純的設計精美並不難，但是要在低價格的基礎上同時做到精美、實用、高品質，難度就大了。然而宜家的設計獨特又實用，比如MTP書櫃，是由宜家的顧問兼設計師Marian Grabinski在1963年設計的，這種書櫃風格既現代又經典，美觀實用，儘管平價出售，卻仍爲宜家帶來了滾滾利潤，堪稱宜家設計的典範，多年來引起衆多廠家紛紛模仿。

4 宜家之「言」

宜家的產品概念是全球的，產品設計是統一的，品質標準是全世界一致的，但是每個國家想賣什麼產品，卻是由這個國家從產品目錄中挑出來的，並不是宜家規定的。

娛樂購物

宜家一向倡導「娛樂購物」的家居文化，認爲「宜家應該是一個充滿娛樂氛圍的商店，我們不希望來這裡的人們失望」。一般的家具商店在人們心目中是一個很死板、沒有美感的家具「倉庫」。但宜家以獨特的風格，將商場營造成適合人們娛樂的購物場所。商場中有蜿蜒的走道，造型奇異的家具，手感舒適的寢具，還有耳邊嫋嫋的音樂……人們在這裡購物絕對是一種享受。

很多來宜家的人都不是單純來購物的，顧客已經習慣性地把它當作一個休閒的地方，他們在這個環境中會不知不覺被「宜家文化」所感染：原來客廳可以如此色彩繽紛、功能豐富，臥室可以如此溫馨無比、風情萬種，廚房可以如此整潔大方、井然有序。顧客在宜家不但可以買到滿意的家具或家居用品，還可以學到色彩的搭配、雜物的擺放與收納等等，許多的生活常識和裝飾靈感在這裡悄然萌發。久而久之，宜家已經成爲家居的代名詞。

「宜家」在運用商標、塑造品牌個性方面堪稱典範：深藍的矩形框內接著鮮黃的橢圓，圓內是深藍的黑體英文字母「IKEA」。

宜家商標的簡潔、敦厚象徵了家具用品的可靠性、耐用性、簡潔性。宜家商標中幾何圖形的妙用，塑造了「宜家」獨特又蘊含深意的品牌標識。矩形、圓形都是家具較常採用的形狀，深藍與鮮黃也是現代家具中常用的色調。由這些舊元素新組合成的商標讓人自然地聯想到「宜家」的行業特點，同時也給人穩重、樸實之感。

個性行銷

1．包羅萬象

在宜家，很少有孤零零的商品展示。在宜家賣場，你幾乎可以買到所有的家居用品。這也正是宜家的聰明之處。原本來宜家只是想買窗簾，可是到窗簾處一看，展示間的窗簾杆、掛鉤、百葉窗，也都不錯。旁邊不遠處還有跟窗簾配套的寢具，使人不得不動心。結果，今天你很可能為此而「破產」，而且還歡天喜地的抱著那些讓你愛不釋手的「戰利品」欣賞呢！

2．目錄行銷

目錄一直被視為世界家具流行趨勢的嚮導。宜家不惜成本，鎖定對象免費寄送目錄，一是展現業界翹楚的身價，二是樹立潮流領袖的權威。對宜家而言，向鎖定的消費群散發目錄，遠比鋪天蓋地的廣告廉價而有效。宜家的目錄從設計到印刷成冊，都做到了「精緻與完美」，融合家居時尚、家居藝術為一體，讓你從中學到不少家居知識。在宜家，你可以不買產品，但是你不可能不看，宜家就是這麼自信——用細節體現價值。

IKEA精心地為每件商品做「導購資訊」，導購資訊包括有關產品的價格、功能、使用方法、購買方式等，幾乎所有資訊一應俱全。在宜家購物，你是自由的，甚至沒有主動的服務；沒有主動的服務並不是沒有服務，宜家的服務主要是提供資訊，知識型服務，而不僅是銷售和安裝這樣簡單。

3．透明行銷

宜家賣場採取自選方式，這樣就減少了服務人員，節省了成本。宜家賣場沒有「銷售人員」，只有「服務人員」。宜家不允許主動向顧客促銷某件產品，而是由顧客自己決定和體驗，除非顧客需要諮詢，服務人員才可以向其提供解說。宜家的店員不會像有些家具店的店員那樣，你一進門就跟著你喋喋不休，你到哪他們就跟到哪。在宜家，店員會非常安靜地站在一邊，除非你主動要求店員幫助，否則店員不會隨便打擾你，讓你靜心瀏覽，在一種輕鬆、自由的氣氛中做出購物的決定。我們都有過這樣的經驗，在做出購物決定之前，對商品的特性一無所知，而會感到手足無措，這時如果你在別人勸說之下做出了決定，買回來卻發現有瑕疵就會大呼上當，這次購物就會給你帶來不好的感受，因此，宜家採取諮詢式行銷，將每一個細節都考慮進去，來指導消費者快速做出購買決定，也因此，宜家出售的產品幾乎都完全符合用戶的要求。在宜家，你總會得到這樣的提醒：「多看一眼標籤：在標籤上您會看到購買指南、保養方法、價格。」就是一個簡單的燈泡，宜家也可以將其特點完全展示出來。

賣場展示通路

宜家不僅是一個家具賣場的品牌，也是家具的品牌。經由一系列作法，IKEA賣場在人們眼中已不單單是一個購買家居用品的場所，它代表了一種生活方式。宜家的成功不僅在於它整合了商流、物流，而是它用於整合商流、物流的核心理念——生活方式。

宜家的通路策略是：在世界各地獨立開設賣場，專賣宜家自行設計生產的產品，直接面對消費者，控制產品的終端銷售通路。宜家在全球40多個國家共有180多家連鎖店。

5 低價策略

IKEA的經營理念是「提供種類繁多、美觀實用、一般民衆買得起的家居用品」，這個理念決定了宜家在追求產品美觀實用的同時要保持低價格。宜家做到了：IKEA一直強調低價格。那麼宜家是如何既保持「美觀實用、種類繁多」又實現低價策略？

宜家的成本控制可以說是宜家所有文化的軸心，IKEA的研發系統非常獨特，這種系統能夠把低成本與高效率結爲一體。IKEA發明了「模組」式家具設計方法，不僅可以使設計降低成本，產品的成本也得以降低，模組化意味著可以大規模生產和物流。

大多數生產廠家通常總是先設計產品，然後再決定這樣的產品應該賣什麼價格。但在宜家則恰恰相反。宜家的產品設計師在產品設計前，心裡先盤算一個價格，然後再挑選品質相當的材料，並且直接和供應商研究、協調如何降低成本，這樣在降低成本的同時也不會影響產品品質。

單靠設計師是很難在設定的低價格上完成高難度的精美設計、選材，和估算出廠家生產成本。所以在設計師背後要有一個研發團隊，包括設計師、產品開發人員、採購人員等。這些人密切合作才能夠在既定的成本範圍內做出各種最優化的性能變化。他們一起討論產品設計、所用的材料，並選擇合適的供應商。

每個人都讓自己的專業知識在這一過程中發揮作用，比如說，採購人員與世界各地供應商之間有良好的聯繫，因此，他們更瞭解哪家供應商能夠在適當的時間，以適當的價格，並且保證以最高的品質來生產特定產品。

以宜家邦格杯子的設計爲例：爲了以低價生產出符合要求的杯子，設計師必須充分考慮材料、顏色和設計等因素，爲了在儲運、生產等方面降低成本，設計師最後把邦格杯子設計成一種特殊的錐形，這種形狀使邦格杯子能夠在盡可能短的時間內透過機器，進而達到節省成本的目的；邦格杯子的尺寸使得生產廠家一次能在烤箱中放入杯子的數量最大，這樣既節省了生產時間，又節省了成本；後來重新設計的邦格杯子比原來的杯子高度小了，杯把改成可以更有效地疊放的形狀，節省了杯子在運輸、倉儲、賣場展示以及顧客家中碗盤佔用的空間——一句話：進一步降低了成本。

宜家產品是多數外包給其他生產廠商，自己只生產很少的東西。外包生產的國家有中國、波蘭、印度、俄羅斯等，也包括一些已開發國家如德國、美國等。生產過程雖然在外面，但是品管必須符合宜家的規定。所以生產廠商必須達到宜家所規定品質的標準和人文的標準。

此外，在價格先行的導向下，宜家鼓勵供應商之間競爭，並且努力在全球市場尋找勞動力更低廉的供應商。

宜家還利用了邊際效益來降低成本。作爲全球最大的家具零售商，宜家從不放棄利用「廢棄的邊角料」。 在宜家購買商品，顧客可以選擇付費送貨，或是自己搬回家，沒有免費送貨的服務。另外，家具運送到家後，顧客還要自己組裝，宜家賣出的產品通常是零組。這也是宜家降低成本的一個重要環節。宜家公司負責產品運輸的經理經常掛在嘴邊的一句話就是：「我們不想花錢運空氣。」

1950年，坎普拉德開創了可折疊家具的概念，這也是宜家成功的秘密武器。這個創意來自坎普拉德念中學時的一次經歷。在哥德堡商業高中求學時，坎普拉德經常利用課餘時間逛商店，觀察店家如何做生意。有一次，他在一個鞋店看到店員爲了尋找不同顏色的鞋子爬上爬下，忙得滿頭大汗。他覺得這樣既費力又費時。受這件事啓發，他開始尋找以最簡捷又最廉價的方式把商品送交顧客的方法。在所有宜家家居店有一條規矩：一切貨物都擺在架子上讓顧客自取，家具一律採取扁平式包裝，便於運輸，顧客回家只要按圖組裝即可。宜家的自助式組裝家具的最初概念就是那時形成的，至今已沿用了半個世紀。

6 品牌形象

對於絕大多數零售商而言，製造商品牌依舊是主流，中間商品牌只能是個有益的補充，絕不可以「喧賓奪主」。這實際上意味著零售商僅控制了品牌的通路，卻無法控制品牌的權益。而宜家始終堅持自行設計所有產品並擁有其專利。對於宜家而言，絕不會存在所謂的「上游製造商」的壓力，也沒有任何一家製造商能對它進行所謂的「分銷鏈管理」。

宜家規定，全球員工統一著裝，並且，製服是以宜家商標的底色——藍色爲主色調，配以「IKEA」的黃色爲輔助色，這種搭配視覺效果強烈。黃色與藍色正是宜家（IKEA）的CI色。一個由最規模化生產，最大範圍連鎖產業製造出來的產品，已經成爲了小康之家眼中最爲完美的物質生活符號之一。

宜家精神蘊含在產品開發、銷售的每一個細微處，坎普拉德有一句名言：「眞正的宜家精神，是本著我們的熱忱，我們持之以恆的創新精神，我們的成本意識，我們承擔責任和樂於助人的願望，我們的敬業精神，以及我們簡捷的行爲所構成的。」

同樣，領袖人物的形象也是宜家形象的一個縮影。2002年，坎普拉德成爲瑞典最富有的人物。他一生都在辛勤工作，雖是億萬富翁，但生活始終節儉，被譽爲「瑞典最勤奮、最節儉的人」，也有人把他稱作小氣的億萬富翁。但坎普拉德卻說：「是勤奮工作妝點了宜家的生命。」坎普拉德經常乘坐公車或火車到瑞典各地旅行，而且他坐火車是坐二等車廂，搭飛機也向來都坐經濟艙。坎普拉德避免穿西裝，生活和一般人無異，他喜歡在下午價格比較便宜的時段去市場購買蔬菜、水果，正是坎普拉德的節儉帶動了全體宜家人。

7 宜家物流

宜家的行銷策略是其經營管理的一大特點，其中有很多值得借鏡的地方，透過對其行銷策略的研究，我們可以將其經營管理的各方面都串聯起來。

爲了進一步降低價格，宜家全面調整其生產佈局——宜家在全球擁有近2,000家供應商（其中包括宜家自有工廠），這些供應商將各種產品由世界各地運抵宜家在全球各地的中央倉庫，然後從中央倉庫運往各個賣場銷售。

由於各地不同產品的銷售量不斷變化，宜家也就需要不斷調整其生產訂單在各地的配額。宜家亞太地區的中央倉庫設在馬來西亞，所有送往中國賣場的產品必須先運往馬來西亞再轉運到大陸。這種採購方式使宜家的總體成本降低了。但是對於宜家在中國大陸的賣場來說，成本較高，特別是對於家具這類體積較大的商品，運費在整個成本中會達到30%，直接影響到最終定價。

隨著亞洲市場特別是中國大陸市場所占的比重不斷擴大，

宜家正把愈來愈多的產品或者是產品的部分數量放在亞洲地區生產，這就大大降低了運費對成本的影響。宜家還實施零售選擇計畫，即由中國賣場選擇幾種產品，由大陸的供應商進行生產，然後直接運往賣場銷售。事實證明，這個計畫相當成功。

拿尼克折疊椅來說，尼克折疊椅原先由泰國生產，運往馬來西亞的中央倉庫後再轉運大陸。採購價相當於人民幣34元一把，但運抵大陸後成本已達到66元一把。再加上賣場的營運成本，最後定價爲99元一把。年銷售量僅每年1萬多把。零售選擇計畫實施後，大陸的採購價爲人民幣30元一把，運抵賣場的成本增至34元一把，賣場的零售價定爲59元一把，比之前低了40元，年銷售量猛增至12萬把。

8 大陸的宜家

作爲全球最大的家具巨頭，宜家在2004會計年度的中國區營業額達到10億元人民幣，比去年暴增40%，遠高於全球平均15%的成長率。

1973年，宜家開始在大陸採購商品銷往歐洲市場；1993年，宜家在大陸設立採購處（IKEA TRADING CO .LTD），在中國大陸大量採購商品，銷往世界各地；1997年，宜家在北京設立宜家中國零售處，產品開始小範圍在中國大陸市場銷售；1998年，宜家在上海開設了第一家宜家賣場。1999年，宜家在北京的第一家宜家家居商場開業；2003年，中國大陸的首家宜家家居標準店（面積28000～35000平方公尺）在上海開業。

宜家公司宣稱，中國已經成爲宜家集團最大採購國，2001年宜家在中國大陸採購的比例爲14%，與該公司在瑞典本國的採購比例相同。宜家家居用品中的燈具、紡織品、手工編織品以及家具用品中的木製家具都大量在大陸生產，產品不僅在中國大陸市場銷售，也在世界其他國家地區的宜家賣場中銷售。宜家公司表示，宜家集團要求供應商提供的是具有國際化和標準化的產品，將繼續增加中國的採購。

宜家中國大陸負責人的目標是：「宜家的市場策略是爲中國人提供廉價的家居解決方案」。1999年，北京已經有了幾十家家具賣場，但並沒有特別知名的品牌，於是市場上積蓄了可觀的家居消費能力。而此時，宜家不僅精準地把握了進入中國市場的時機，且隨著中國家居市場消費能力的不斷增長，依據現況做出靈活的調整，開始加快在中國大陸擴張市場的歷程。

商品的交叉展示，既是宜家賣場的展示風格，也是宜家家居的經營風格。一進入北京西城區的宜家家居商場二樓的烹飪用品區，你就會看到一張餐桌、幾把竹椅、餐桌上擺放著高腳玻璃杯、閃閃發亮的刀叉、精美的瓷盤、咖啡壺，以及鮮花和蔬果。在三樓展示餐桌和餐椅的地方，同樣能看到以上餐具的妝點。另外，寢具區的被子、床單、枕頭和抱枕總是在各式大床上展示它們的效果；而展示床組的地方，當然也少不了寢具的鋪陳。廚房、書房、客廳、臥室、浴室和「家居辦公室」的展示間也都如此——集中了大部分宜家家居商品種類，擺放有序，像一個眞的「家」那樣設備齊全，舒適宜人。

宜家公司中國大陸市場的行銷策略是貫撤大衆路線，即降價再降價，其未來目標顧客將鎖定家庭月平均收入爲3350元以上的薪水級客戶群體。2003年9月1日，宜家在中國大陸銷售的1000種商品全部降價銷售， 2003年的新產品目錄中，平均降價幅度達到30%以上，其中最大降幅達到65%左右。這是成立60年的瑞典宜家進入中國大陸市場6年後的一次重大決定。

宜家進入中國大陸後，採取的策略非常穩健，先打出精品、高級的形象鋪，然後循序漸進的價格滑落，保持 「有價值的低價位」策略，使顧客始終感覺宜家產品的價格不太高，又不會讓顧客覺得是便宜貨。

宜家計畫在2005年搶下一大塊中國大陸市場的大餅，業務涵蓋各個核心城市。宜家在中國大陸的新策略重心，是透過產品與成本——也就是更多、更好、更便宜的商品擴大在大陸市場的佔有率。爲了適應中國大陸民衆的品味，宜家正加速推出更多簡單實用的新產品——根據統計，宜家保持15%的產品更新率。

回顧宜家在中國大陸這幾年的經營歷程，可以發現宜家在中國大陸本來可以做得更好，也就是說，宜家雖然在大陸市場做了很多努力，但還存在許多局限之處。剛剛進入中國大陸市場的宜家賣場給消費者的強烈印象是新奇的、時尚的、高價格的。這就鎖定了其產品購買者主要是高薪白領、企業主、外籍人士等高消費群，而非一般大衆。在歐美市場以低價取勝的宜家在中國大陸其實並不便宜。一張小木桌賣幾百元，一個紙罩燈也要上百元。儘管宜家的價格一年比一年低，但在中國大陸，宜家仍只是中產階級的選擇。雖然宜家在中國大陸的採購額已經占其採購總額的18%，在全球位居第一位，且運輸、製造成本都在下降，但短期內還很難達到中國大陸本土產品的價格水準。

第5章

決勝終端的銷售天才

邁克．戴爾是全世界公認的年輕首富，在華爾街，戴爾公司的股票一漲再漲，戴爾被全球電腦業視為最會賺錢的天才，但16年前沒有人把戴爾和戴爾公司放在眼裡。當初戴爾投資1,000美元從事個人電腦生意，成功了。如果他今天手中握有1,000美元，他又會投資哪個行業呢？戴爾說：「我會投資中國網際網路。」

1 銷售天才的成功之路

戴爾從小就對做生意感興趣。在14歲生日那天，戴爾用自己賺來的錢買來一台蘋果電腦。拿回家後，戴爾就把它拆得亂七八糟，但戴爾不是爲了學技術，而是爲了尋找商機。後來，戴爾又繼續拆IBM的PC。拆機器的結果使他看到了一個閃亮的商機：IBM的PC零件一共才值600至700美元，但當時市價卻高達3000美元。於是，戴爾到批發商那裡將積壓的PC以批發價買回，再買來記憶體、modem、磁碟機及更大的顯示器。然後將這些機器進行升級，使其有更多功能，然後在當地報紙上刊登廣告，以低於零售價10%至15%的價格出售。

1984年，19歲的大學生邁克·戴爾在德州大學奧斯丁分校的一間宿舍裡，以1000美元成立了戴爾公司。當時個人電腦剛剛興起，利潤非常高，一台售價3000美元的IBM PC，其所有的零件成本只價值600美元至700美元，經銷商以2000美元進貨，可淨賺1000美元。

不過，在那時，戴爾既不懂技術也沒有雄厚的資本，更缺少閱歷和經驗，但是他有自己的理念。他的理念非常簡單：按照客戶的要求製造電腦，並向客戶直接出貨，使戴爾公司能夠最有效和明確地瞭解客戶需求，迅速做出回應。戴爾推行了這種新的照單生產的模式，並將「兩點之間直線最短」的理論應用於行銷領域，創立了直銷戰略，將電腦直接賣到消費者手中，避開經銷商，減少中間環節，大大降低了銷售成本，創造了豐厚的利潤。爲了確保這一點，1998年戴爾已將15%的資金和利潤用於改善服務。當時戴爾衡量成功的標準是裝運期限、初次安裝比率，以及維修人員在24小時之內抵達客戶所在地點。

戴爾由豐厚的利潤看出了做電腦的前景，而這時晶片技術也有了長足發展，使組裝PC大爲簡單。戴爾公司剛成立時，只做PC的轉手生意：從批發商手中買來機器，然後加以改裝，添進一些大硬碟或大記憶體，然後以低於市價賣出去。第一年，他們的銷售額爲620萬美元。此後，戴爾迅速發展，在四年之內獲得了極大的擴展，並積極向海外擴張。1988年，戴爾公司的股票上市，1999年，戴爾公司的年銷售額爲217億美元，其市值從當初的8500萬美元暴增爲1272億美元。

2 史上最年輕的總裁

這種直銷模式允許戴爾公司能以有利競爭的價位，爲消費者訂製並提供具有豐富配備的強大系統。透過平均四天一次的庫存更新， 戴爾公司能夠把最新相關技術帶給消費者，而且速度遠勝於那些運轉緩慢、採取分銷模式的公司。如今，在個人電腦業愈來愈不賺錢、世界大公司紛紛退卻的情況下，戴爾卻愈戰愈勇，而康柏、IBM等PC巨頭還處於過去「先生產再銷售」的舊思維模式，只能依賴削減利潤以刺激銷售量，終致無法與戴爾相匹敵。

1991年，在《財富》雜誌所列全美五百大中，年僅26歲的邁克·戴爾成爲最年輕的總裁。1995年，戴爾進入全球PC五百大行列。據調查，在家庭用電腦銷售量上，1997到2000年三年間，戴爾是增長最快的電腦公司，成長率高達551%。據調查，2002年，戴爾公司的個人電腦銷售量在美國國內和全球都名列首位。自從1988年公司上市以來，戴爾公司的總銷售額已由1.59億美元躍升爲2002年的217億美元，年平均成長率約54%。

戴爾喜歡利用業界最具影響力的技術，比如在處理器方面，緊跟英代爾；在作業系統上，又緊跟微軟。這兩家公司在各自的領域裡都是世界第一位。

如今，戴爾公司應用網際網路進一步推廣其直線訂購模式，不斷地增強和擴大其競爭優勢。戴爾公司在1994年推出了www.dell.com網站，並在1996年在網站上加入了電子商務功能，推動了商業朝網際網路發展。1997年，戴爾公司成爲第一個線上銷售額達到一百萬美元的公司。今天，以微軟視窗作業系統，戴爾公司經營著全球規模最大的網際網路商務網站。戴爾PowerEdge伺服器運作的 www.dell.com網址覆蓋86個國家的站點，提供28種語言或方言、29種不同的貨幣報價，目前每季有超過10億人次瀏覽。

網際網路的重要作用貫穿整個業務，包括獲取資訊、客戶支援和客戶關係的管理……經過艱苦的努力，戴爾公司保持了成長、利潤和資本流動的平衡，爲股東帶來了高額的投資報酬。戴爾公司在這些領域一直領先於其最大的競爭對手。

今天，電腦業晶片大王英代爾的董事長葛魯夫會主動約戴爾共進晚餐，目的是向他講解英代爾處理器的未來；大名鼎鼎的比爾·蓋茲會坐專機前來拜訪戴爾，與他討論戴爾公司剛剛萌芽的伺服器生意到公司網址的所有事情。

從這當中，我們可以看出，時間會磨合世道，會改變遊戲規則。戴爾雖然不做技術生意，但他卻從未間斷隨時學習的好習慣。戴爾雖然未完成大學學業，但這只不過中斷了與一般人一樣的發展軌跡，並不影響他的事業，而這卻需要一般人不敢做的大勇氣。

3 直銷模式與資訊相輔

一般人只把目光盯在戴爾公司的直銷模式上，其實直銷只不過是最後階段的一種手段，要掌握好直銷的本領，首先要完全理解直銷的含義，才能妥善應用直銷。許多人認爲，所謂「直銷」不過是一種繞過所有中間商，直接銷售產品的商業模式，眞的這麼簡單嗎？且就戴爾的直銷模式做一個簡單的描述。

比如，戴爾開了一家「資訊商店」，店裡有各式各樣的電腦產品資訊，這些產品資訊都是戴爾透過合作協議從上游供應商處「採購」來的，而戴爾當時並沒有這些電腦產品。每位進入資訊商店的客戶可買走任何一種產品資訊，但客戶當時並不能取走產品，而是由戴爾在不久之後的某一天，把根據這些產品資訊組裝而成的戴爾電腦送到客戶家中。其實，在客戶買走產品資訊後，戴爾就會將所有客戶買走的產品資訊加以整理，用統一訂單的方式立刻告知上游零件供應商，以便供應商在最短時間內交付產品資訊對應的所有零件。接著，戴爾會把零件組裝成電腦，再貼上戴爾的品牌標誌，最後經由一些物流合作夥伴把電腦寄給客戶，這樣，戴爾的整個直銷過程就完成了。除了規模化、低成本的生產組裝，對產品品質本身而言，戴爾並沒有做任何實質性的增值。戴爾眞正努力的方向是持續『零庫存運作模式』和爲客戶『量身訂做電腦』。

與那些透過緩慢的間接通路的公司相比，戴爾公司的直線訂購模式快速完成了最新相關技術的應用，而6天存貨制使戴爾公司比其他競爭對手更能保持低成本，再加上按照客戶意願來做電腦，使戴爾公司的發展既快又利潤豐厚。

戴爾獨特的優勢在於他對電腦市場直銷模式的獨特理解。這使得戴爾公司能有一套非常獨特的管理整個價值鏈的完整流程，也就是，從零件到供應商直接到終端用戶，戴爾始終控制著中間的每一個環節。

其實，戴爾的「直銷」模式與以「資訊撮合」爲盈利方式的中間貿易商其實沒有什麼區別，戴爾在這種行銷模式中，充當了產品供應鏈中總協調者的角色。但是，戴爾將這麼簡單的工作做成規模化運作，準確率驚人，堪稱IT業第一。

4 直銷天才的六種武器

我們來進一步分析一下戴爾銷售模式的市場競爭優勢所在。

零庫存

戴爾直銷模式中最突出的一個特徵就是「零庫存」。其實，在整個產品供應鏈中，不可能實現眞正的「零庫存」。那爲什麼說戴爾實現了「零庫存」呢？原因很簡單，戴爾與上游的電腦零件供應商簽訂的協定中，承諾了龐大而固定的採購金額，於是這些供應商爲了配合戴爾的需要，把倉庫設在戴爾工廠的附近，這樣，在戴爾和上游供應商之間就形成了一條最短的零件供應鏈，戴爾可以在第一時間隨時滿足客戶的需求。

戴爾的「零庫存」，實際上是藉由把倉庫建在上游合作夥伴的倉庫中而實現的，這樣，戴爾便將庫存風險和倉儲管理成本成功地轉嫁給了上游供應商。

客戶的需求

爲了滿足客戶的需求，傳統銷售模式是先大量生產，使產品多樣化，讓客戶盡量挑選適合自己的產品。但儘管產品花樣多，但無論如何都不是按照客戶需求生產的，所以，對客戶來說，這些產品總會有不盡人意之處。而戴爾的直銷模式則盡可能地解決了這個問題。

戴爾藉由讓客戶選擇產品資訊的方式，誘使客戶主動說出自己的需求，然後戴爾再根據這些產品資訊來提供產品，使客戶能夠擁有最符合自己要求的、獨一無二的電腦，而且比起傳統銷售方法，效率要高得多。

不過，戴爾並不能滿足客戶提出的每一項要求，如果10萬個客戶提出10萬種不同的電腦組裝要求，戴爾不可能準確的完成採購工作。戴爾雖然承諾上游供應商龐大的採購金額，但是上游供應商的零件數量還是有限，不可能完全擁有這10萬種零件。如果這種情況眞的發生，戴爾怎麼解決呢？

戴爾雖然盡量滿足客戶的需求，但這也需要一個前提，即戴爾的供應商必須有這樣的元件種類，萬一沒有這種零件，戴爾會說服客戶改變採購決定，轉而採購戴爾現有的或與客戶原欲採購的零件相仿的零件。

三流分行

這裡所說的三流，即指資訊流、資金流和物流。三流運行的和諧統一意味著效率的最大化。正因爲戴爾發現了「三流」運行的奧妙，才能如此迅速的行動。

戴爾發現了傳統供應鏈的問題所在，並發現 「三流」在運行上的時間差。在「三流」中，資訊流是最快的，其次是資金流，最慢的是物流。戴爾將「三流」分開運行，讓資訊流在供應鏈上下游之間快速運轉，使產品供應鏈的運行效率被調整到最佳狀態。

戴爾透過這種「三流分行」的供應鏈高效運行模式，大大縮短了產品供應時間，使按時滿足客戶的要求成爲可能，也爲直銷模式的誕生提供了充分必要的條件。「零庫存」、「三流分行」、盡可能縮短物流時間，成爲戴爾打敗其他IT傳統廠商的有效武器。

聯合作戰

戴爾並不是孤軍奮戰的，它和其他中間商一樣，背後有著強大的、相對穩固的商業聯盟。戴爾曾和微軟、IBM、HP、英代爾、CISCO、3COM等IT巨頭合作過。隨著自身的愈來愈強大，戴爾的商業聯盟出現了愈來愈大的裂痕，並幾經變化。戴爾的直銷模式決定了戴爾只能透過廣泛的商業結盟才可能滿足客戶的需求，爲客戶提供豐富的組配選擇。但是，戴爾的直銷模式給它帶來巨額利潤的同時，也使戴爾過度依賴供應商，一旦與其供應商中斷了聯繫，戴爾的發展就會延滯甚至停止。所以，戴爾在與上游供應商的合作上下了很大的工夫。

交貨保證

戴爾在直銷模式的交貨時間這個問題上，也同樣費了一番心思。戴爾向客戶提供的「交貨時間」保證包括：製造客戶訂購的系統，預定出貨時間從客戶的訂單抵達生產線開始計算。

訂貨和交貨時間在相當程度下取決於系統零件的供貨情況。當零件有庫存時，訂貨至交貨時間通常需要一至二週。在確認訂單後，戴爾銷售代表將與客戶聯繫，告知預計的訂貨至交貨時間。

其實，戴爾的交貨時間的保證是相當有學問的。客戶的付款方式要得到戴爾的完全同意與接受後，訂單才會被認可並送到上游供應商手中，從客戶提出採購需求到訂單認可，中間的時間差正好爲戴爾提供了一段緩衝。前面我們已經介紹過，戴爾沒有存貨，所有零件都是由上游供應商提供的，所以它不能保證客戶訂購的電腦零件一定有庫存，即使客戶需求的電腦不能按時交貨，戴爾也無需負責，它會把這些責任歸咎上游供應商。

在整個模式中，戴爾都是「一石二鳥」，一方面戴爾盡量改善工作效率，減少「客戶等待時間」，另一方面，戴爾也爲可能出現的服務不周等各種情況做好了解釋和準備。

縮短客戶等待時間

除非是購買現成的商品，否則就需要一段等待時間。一般來說，客戶對愈昂貴、愈獨特的商品，能夠忍受的等待時間愈長，戴爾創立直銷模式的必要前提條件之一，便是「客戶等待時間」的存在。今天，「客戶等待時間」自然要比20世紀80年代短得多，所以，爲了提高競爭力，戴爾必須將「客戶等待時間」縮短，並保證按時交貨，讓客戶相信購買戴爾電腦比透過中間商提供現貨的其他品牌電腦更可靠。爲了解決這個問題，戴爾充分利用了資訊技術的發展。確實，做到縮短客戶等待時間，進而確保直銷模式的可靠性。戴爾的電腦王國就是這樣建立的。

第6章

闖入巴黎的鄉巴佬

皮爾．卡登對我們來說並不陌生，但大多數人記得的是這個品牌，而非皮爾．卡登其人。然而皮爾．卡登絕對是一個傳奇人物。他的傳奇首先在於他的奮鬥歷程：從赤手空拳闖蕩到世界頂級服裝大師，讓高級時裝走下高貴的伸展台，讓服裝藝術直接服務一般民衆，但是他的傳奇在許多人眼中看見的卻是他的商業成就，因為世界上幾乎沒有像卡登那樣的先例，集服裝設計大師與商業鉅子於一身，其商業帝國遍佈世界各地。除了時裝，他還擁有4家劇院。近年來卡登的成就在他的社會活動，他完成了許多職業外交家所無法完成的功績，為世界各國人民的相互瞭解做出了巨大的貢獻。

1 小裙子預知未來

1922年7月2日，小皮爾·卡登出生在威尼斯近郊一戶貧苦農家。1924年，第一次世界大戰的戰火蔓延到義大利。小皮爾·卡登隨父母顛沛流離，最後來到法國東南部的格勒諾布爾，一家人勉強定居下來。父親每天騎馬登上高高的雪山採集冰塊，運到城裡賣給有錢人家，以此維持全家的生計。如果就這樣度日的話，也許就不會有以後的皮爾·卡登了，但就是在這麼戰爭紛亂的年代，小皮爾·卡登意外地看到了自己的未來。

那是在1929年的一個陽光燦爛的夏天，當時七歲的小皮爾·卡登一個人在戶外的草地上玩耍，他不經意地看到遠處好像有個五顏六色的東西，出於好奇，小皮爾·卡登跑過去想看個究竟，走近一看，原來是個布娃娃，布娃娃身上的衣服已經破得一條一條，小皮爾·卡登心想，肯定是哪個富家小姐丟棄的。小皮爾·卡登拾起布娃娃左看右看，捨不得放手，他想：如果我幫她做一件小裙子，那她一定還會是個漂亮的小娃娃吧。於是，小皮爾·卡登把布娃娃抱回家，從母親的針線籃裡找了一些針線和彩色碎布。在昏暗的油燈旁，小皮爾・卡登精心地把這些碎布一塊塊縫在一起，然後再根據布娃娃的體形裁剪、縫製，終於爲布娃娃縫製了一條小裙子。由於他以前從沒做過這種女紅，第一次縫製的小裙子令他很不滿意，於是，他縫縫拆拆，拆拆縫縫，直到滿意方才甘休。看到布娃娃終於穿上了漂亮的裙子，小皮爾・卡登感到十分高興。這件爲布娃娃縫製的小花裙，成了皮爾・卡登一生中設計的第一件衣服，也預示了他以後的人生道路。

1930年，小皮爾・卡登八歲了。爲了生活，父親帶著全家遷往聖萊第昂，並把小皮爾・卡登送進當地一所小學讀書。但小皮爾・卡登對讀書並不感興趣，他感興趣的是那些花花綠綠的服裝。放學後，他經常溜到商店櫥窗前，站在那裡癡迷地觀看裡面各式各樣的服裝，有時甚至忘了回家，直到商店關門。父母拗不過他，雖然希望他好好讀書，但也不反對他的這種興趣，於是小皮爾・卡登14歲便輟學，進了一家小裁縫店當起了學徒。

雖然在裁縫店裡，皮爾・卡登算年齡小的學徒，但他似乎天生具備做服裝的天分，再加上勤奮好學，僅兩年工夫，他的手藝就已經超越了他的師傅。而且，他不受當時潮流的限制，大膽革新，常常設計出一些款式新穎的服裝，不過當時設計的都是一些女裝，很受當地小姐們的青睞，不時還有人上門請他設計女裝。

一次偶然的機會，皮爾．卡登喜歡上了新奇高雅、款式多樣的舞臺服裝。爲了開闊自己的視野，皮爾．卡登開始研究各種舞臺服裝的樣式，但最初設計的舞臺服裝也不太令自己滿意。爲了能夠累積親身體驗，皮爾．卡登白天在裁縫店工作，晚上到當地一個業餘劇團當臨時演員，利用中場休息的時間仔細研究舞臺服裝的款式和需要改進的地方。舞臺服裝的新奇豔麗給皮爾．卡登留下了很深的印象，並對他以後的服裝設計風格產生了深遠影響。

雖然皮爾．卡登在當時已經小有名氣，但他並沒有滿足現狀，反而積極創新，尋找一切機會向外發展。

2 闖入巴黎

巴黎一直以來都是歐洲的時裝中心，對於皮爾・卡登來說，巴黎簡直是個誘惑，他日夜懷想花都巴黎。1939年，皮爾・卡登17歲，由於對服裝事業的熱愛，他不顧家人的反對，騎著一輛破自行車隻身前往巴黎。當時第二次世界大戰已經拉開了序幕，法國已經淪陷，巴黎到處是逃難的人群，大街小巷站滿荷槍實彈的德國士兵。由於初到巴黎，皮爾・卡登違反了宵禁令，被德國佔領軍抓到關進了監牢，幸好皮爾・卡登不是猶太人，關了幾天之後就被釋放了出來。雖然當時的遭遇極其惡劣，他不得不又回到了聖萊第昂，但皮爾・卡登一直沒有放棄過進入巴黎的願望。轉眼又是五年過去了，當時二戰已接近尾聲。由於皮爾・卡登大膽創新和不懈努力，他的服裝設計水準和製作技術又有了很大的進步，在當地他已被公認爲是最好的裁縫師。但這種榮耀也只僅限於當地，皮爾・卡登的理想是獲得全世界的公認。

一天，皮爾・卡登心情抑鬱，一個人在一家小酒吧喝悶酒。這時，一位神態高雅的老婦人向他走來。皮爾・卡登禮貌地和這位夫人打招呼，這位老婦人在皮爾．卡登對面坐了下來，簡單地自我介紹。原來她是位伯爵夫人，原籍巴黎，前些日子也曾買過皮爾．卡登設計的服裝，相當滿意。剛才來到酒吧時，看到卡登那身時髦的衣著很感興趣，才會主動與他搭訕。顯然，她很興奮自己非常滿意的那套衣服就是出自這位年輕小伙子之手，於是，與皮爾．卡登談得興致勃勃。皮爾．卡登向這位老婦人講述了自己對服裝事業的熱愛，並談到自己的遭遇和對巴黎的嚮往。老婦人瞭解到皮爾．卡登的志向，且得知他的時裝都是他親手設計和製作時，感動地對卡登說：「孩子，你的理想很偉大，相信你自己，你一定會成爲百萬富翁的，這是命運註定的！」皮爾．卡登被老婦人的這番話鼓動得充滿了信心，臨分手時，老婦人還把她的好友、巴黎帕坎女裝店經理的姓名和住址寫給了皮爾．卡登。皮爾．卡登深深地致謝。這次經歷也成了皮爾．卡登事業中的一個轉捩點。

次年，也就是1945年，皮爾．卡登再次跨進了巴黎的大門。當他再一次踏上這座城市時，他下定決心，一定要闖出一番事業來。帕坎女裝店在當時的巴黎很有名氣，專門爲一些大劇院設計和縫製戲服。皮爾．卡登按圖索驥，很容易就找到了這家女士時裝店。時裝店老闆，也就是那位老婦人的朋友，親自對皮爾・卡登做了面試。皮爾・卡登精湛的技藝征服了這位時裝店老闆，皮爾・卡登隨即被留了下來。皮爾・卡登也並沒有令這位老闆失望，他設計出來的服裝很受巴黎貴婦人們的喜愛。沒過多久，幸運女神又向皮爾・卡登招手，使他有機會爲著名藝術家讓・科克托的一部前衛影片《美女與野獸》設計服裝。皮爾・卡登自知這次設計的重要性，或許一舉成名，或許一敗塗地，所以，在這次設計中，卡登投入了相當的精力，他相信他的設計水準。果然不出所料，由於影片的賣座，卡登爲影片角色設計的刺繡絲絨裝也隨之一舉成名，皮爾・卡登的名字開始出現在巴黎各大報紙和街頭。他立刻成爲服裝界引人注目的一顆新星。後來，皮爾・卡登回憶起這一切的時候，他說：「我從最初畫圖、剪裁、縫製、試樣，直到銷售，完全是靠自己學的。」

說起皮爾・卡登的成名，不得不說一下夏帕瑞麗。夏帕瑞麗是在1927年闖入巴黎時裝界，她剛進入巴黎時，開了一家很小的時裝店，只爲自己的一群女性友人偶爾設計幾套服裝。後來，她的一件黑白兩色的針織套衫在巴黎風行一時，套衫胸前有兒童塗鴉式的蝴蝶圖案，這是她從美國移民編織的上衣圖案中得到的靈感。之後，她的時裝店規模愈來愈大，夏帕瑞麗也隨之成爲法國最有權威的時裝設計大師。爲了使自己的設計風格和服裝事業有更大的發展，皮爾．卡登曾到夏帕瑞麗的時裝店工作了一段時期。如果將夏帕瑞麗的成名經歷與皮爾．卡登的成名經歷做一比較，會發現他們的經歷很相似，可見，皮爾．卡登在夏帕瑞麗的時裝店裡確實學到了不少東西。當然，皮爾．卡登還是對夏帕瑞麗設計的服裝款式做了大膽創新，否則他就不會走出一條自己的成功之路了。

3 皮爾·卡登一舉成名

皮爾·卡登之所以能設計出各種新奇的服裝，是因爲他吸取了各派服裝的風格。雖然當時皮爾·卡登已經是巴黎公認的著名服裝設計師，但他並沒有就此停止自己的想法，他設法爲自己的服裝事業廣爲鋪路。當皮爾·卡登聽說高級服裝專家迪奧的設計室正在招聘職員時，他立即前去應徵。由於皮爾·卡登的出色表現，他很幸運地成了迪奧的助手。迪奧是上個世紀最著名的時裝設計大師之一，他於1947年提出的「新造型」爲他的成功打下了基礎。

二次世界大戰前，法國婦女們的穿著非常單調：軍裝化的平肩裙裝，顯得笨拙而呆板，且帶著滄桑和戰爭的痕跡。二戰後，法國人民渴望穩定、安逸的生活，生活改善了，他們對自己的衣、食、住、行也開始注重起來。注意到這一趨勢，迪奧對法國婦女的這種傳統服裝進行了大膽革新，他把平肩裙裝改爲曲線優美的自然肩形，這一改良的設計強調豐滿的胸部、纖細的腰肢、圓凸的臀部，突出了女性的柔美，讓女性重新散發出魅力。巴黎人，尤其是巴黎的婦女們爲之欣喜若狂，當時迪奧成了整個世界注目的焦點。與迪奧的相處，對皮爾．卡登以後的服裝事業有著不可估量的作用。皮爾．卡登始終都認爲，迪奧是他的領航員人。

當迪奧1947年提出轟動巴黎的「新造型」時，皮爾．卡登在迪奧公司正擔任大衣和西裝部的負責人，由於當時的皮爾．卡登是迪奧的助手，他參與了「新造型」的誕生。皮爾．卡登十分敬重迪奧對事業的態度，在迪奧那裡他也受益匪淺，學到了「高尚」、「大方」、「優雅」的服裝理念和製作技巧，雖然他很感激迪奧對他的幫助，但也不甘心長期寄人籬下，內心的創造欲驅使皮爾．卡登去打造屬於自己的服裝事業。於是他於1949年離開了迪奧的設計室，開始建構自己的王國。

1950年，正是皮爾．卡登爲他日後的時裝事業大展身手的一年。他用全部的積蓄在里什龐斯街買下了帕斯科縫紉工廠，並租了一間店面，掛上了「皮爾．卡登時裝店」的招牌，雖然簡陋，但總算有了一個屬於自己的小天地。在初期階段，皮爾．卡登主要以設計、縫製戲服爲主。

爲了能引起法國各界的注意，皮爾．卡登突發奇想，在他的時裝店舉辦了首次戲服和面具展，巴黎戲劇界乃至整個法國戲劇界，都注意到了皮爾・卡登，他的戲服頗有獨佔鰲頭的態勢，在法國引起了轟動。這個戲服展收到了意想不到的效果，戲服展結束後，卡登的朋友紛紛前來祝賀。朋友們原以爲皮爾・卡登取得了這麼大的成功一定會欣喜若狂，但他在接受朋友們的祝賀時卻不發一語，一副若有所思的神情，朋友們甚是不解，問其原因，皮爾・卡登不慌不忙地說：「我想發展高級時裝……」朋友們不禁愕然。法國高級時裝界是一個限制極嚴，而顧客極有限的特殊行業。到當時爲止，在法國可稱爲「高級時裝公司」的只有數十家。皮爾・卡登很早就意識到：只有訴諸衆多的消費者才有出路。因爲只有擴大消費面，才可能使它產生普遍和廣泛的影響。

皮爾・卡登是那種說做就做的人。他把自己關在簡陋的設計室裡，開始著手設計女裝。經過幾天的埋首伏案，數十套服裝在皮爾・卡登的設計室裡誕生。服裝是設計出來了，可是難道就這麼拿出去展售嗎？他的店員問他，他也不禁問自己。展售雖然是許多服裝設計師的方式，但皮爾・卡登並不想沿習，他的設計別出心裁，必須想出一個具有「轟動效應」的方式才好。雖然皮爾·卡登有這個想法，但並沒有想出具體的做法，所以他那段日子非常苦惱。

有一天，皮爾·卡登路過巴黎大學校門口時，他不由自主被一位正走出校門的女孩所吸引。皮爾·卡登仔細打量這位女孩，發現她面容俏麗，身體的線條也恰到好處，雖然她的衣著平凡，但卻掩不住她獨特的氣質。 皮爾·卡登不禁被這位女孩的氣質打動了，他心想，如果這位女孩穿上他設計的服裝，她和自己的服裝一定都會令人眼睛爲之一亮。他突然有了請這位女孩做時裝模特兒的念頭。抱持這種想法，皮爾·卡登快走了兩步，跟上這位女孩。女孩在前邊走，皮爾·卡登在後面跟，一邊跟一邊爲她設計服裝，這種身材應該設計哪一種款式才能既展現人體美又能凸顯服裝呢？那位女孩發現有人在跟蹤自己，回頭狠狠瞪了卡登一眼，誰知道皮爾·卡登並沒有「打消念頭」的意思，仍然對這位女孩緊追不捨。因爲當時皮爾·卡登還沒有設計出符合這位女孩的服裝，所以並沒有直接向她說明，不過這位女孩見皮爾·卡登糾纏不休，便回過身來，一臉憤怒，大聲對皮爾·卡登說道：「你到底是什麼人？究竟想幹什麼？你若再跟著我，我要報警了！」皮爾·卡登這時才向這位女孩表明身分，並表示有意請這位女孩做他的服裝模特兒：「請別誤會，我是一個服裝設計師，叫皮爾·卡登，剛才注意到妳的身材適中，想請妳做我的時裝模特兒，不知道您願意嗎？」女孩對皮爾·卡登的名字也略有所聞，卡登說明來意後，她不但怒氣全消，而且欣然答應了皮爾·卡登的邀請。於是，這位女孩成了皮爾·卡登的業餘模特兒。

在設計室裡，皮爾·卡登根據這位女孩的身材與氣質專門爲她設計了一套服裝，穿上皮爾·卡登設計的服裝，這位女孩顯得更加漂亮、大方。後來，這位女孩又從她的同學中爲皮爾·卡登推薦了20多名漂亮女孩做時裝模特兒。這對皮爾·卡登的服裝設計如虎添翼。

1953年，皮爾·卡登在他租來的那陋室舉辦了首次時裝展。這次卡登設計的時裝式樣千姿百態，色彩鮮明，充滿了浪漫情調，頗符合巴黎人的口味，再加上他別出心裁編排的配有音樂伴奏的時裝表演，使他的時裝作品更具誘惑力。這次的展覽比前一次戲服展更爲成功。巴黎的所有報紙幾乎都報導了這次展覽的情況，巴黎的大街小巷到處傳揚著皮爾·卡登的名字。

4 問鼎金頂針

1953年的時裝展之後，皮爾·卡登的訂單源源不斷，隨著時裝店業務量逐漸擴大，原來的設計室已難以應付皮爾·卡登事業發展的需要，1954年，皮爾·卡登將他的時裝店搬到了聖君子舊郊區大街。此時，皮爾·卡登一直在思考一個問題：時裝作爲人類點綴世界的獨特裝飾物，不僅是女人的專利，也是男人的專利。男人對時裝的需求並不比女人小，目前單調的男裝市場迫切需要注入新血。其實皮爾·卡登自己也很清楚，傳統的時裝設計一向都是在女裝上下功夫，因爲女裝的款式要比男裝豐富得多，向來是服裝設計師的一條必經之路，皮爾·卡登也不能例外。但皮爾·卡登是一個好奇心強，善於創新的服裝設計師，雖然他知道跨入男裝世界會舉步維艱，但他還是很想打破女裝一統天下的局面。

有了這個想法，他又開始付諸行動。把自己關在設計室裡精心研究。不久，他的系列男裝問世了。

1959年，皮爾·卡登又一次舉辦時裝展覽。在這次的展覽上，不再像前幾次那麼單調了，既有系列女裝，又有系列男裝。但是這次展覽並沒有像皮爾．卡登想像的那麼成功，應該說是失敗了。展出的幾天裡，整個展覽一直冷冷清清，新聞報導也寥寥無幾，顯然，人們並不熱衷皮爾．卡登的系列男裝。這不僅是顧客的問題，最主要是時裝業本身的問題。皮爾．卡登的行爲似乎是逆勢而爲，他設計、縫製男裝的舉動，爲大多數時裝家和設計師所不齒，甚至引起巴黎整個服裝業的強烈憤慨。傳統的那種保守、愚昧的設計思想，導致皮爾．卡登被「顧主聯合會」開除，皮爾．卡登一下子從象牙塔上跌落到谷底，但他並沒有因失敗而喪失信心，他相信自己的想法是對的，他相信男裝世界遲早會到來。於是，在大家的異樣眼光中，他繼續設計男、女時裝，並聘請時裝模特兒在他的時裝展上表演。

5 挑戰極限

俗話說：「是金子遲早要發光。」這句話一點也不錯。儘管皮爾．卡登的想法在當時有點前衛，但他的眼光無疑是遠見的。時裝模特兒的表演推動了皮爾．卡登的時裝銷售，他的時裝和名氣與日俱增，許多知名人士都爭先恐後聘請皮爾．卡登爲自己設計時裝，皮爾．卡登的才華再次受到公衆的認可。皮爾．卡登的頭腦永遠都不是靜止的，這時，皮爾．卡登又有了一個新的想法。正是這種簡單的想法，促成了高級時裝業的一次革命！

戰後的法國，經濟迅速更生，無數婦女走出家庭，投入社會生活，整個歐洲的消費大增。處於象牙塔頂端的皮爾．卡登並沒有被勝利沖昏頭，他體認到巴黎的社會名流只是他的部分顧客，甚至應該說是極小部分顧客，他不能也不應該僅爲他們服務，除了富人，他也要面向廣大民衆，爲更多的人設計服裝。他提出了「成衣大衆化」的口號，並將設計重點偏向一般消費者，使更多的人穿上時裝。皮爾．卡登毅然擯棄了明星制，把自己設計的款式成批量產，然後分送到各大百貨公司以及自己開設的銷售點出售，因而，更多人穿上了皮爾．卡登設計的服裝。

由於皮爾·卡登的服裝既新穎又便宜，因此深受廣大消費者的青睞，產品一上市便供不應求。而且不僅是女裝叫好又叫座，他的系列男裝同樣廣受歡迎，各大百貨商店爭先恐後與皮爾·卡登簽約訂貨合約。爲了順應形勢發展的需要，皮爾·卡登不斷擴大時裝公司的規模。

金頂針獎是法國時裝業界的最高榮譽，皮爾·卡登先後三次獲得這項殊榮。

發展是無止境的。半年後，皮爾·卡登的系列童裝問世。它一打入童裝市場，就有了佔領整個市場的趨勢。緊接著，皮爾·卡登又相繼推出了圍巾、手套、背包、鞋、帽等系列產品，這些產品在法國本土甚受消費者的歡迎，於是皮爾·卡登開始開拓國外市場。不久，皮爾·卡登的名字不僅是一個設計師的名字，而且是一個響徹全世界的品牌。「皮爾·卡登服裝帝國」就這樣在地球上崛起！直到今天，這個服裝帝國的繼承人仍沿襲著創始人皮爾·卡登的鬥志，不斷地創新，不斷地向未知挑戰。

6 力挽美心

皮爾·卡登並沒有因他在服裝業取得的輝煌成功而滿足，他把目光又投向了新的領域。1970年，皮爾·卡登在巴黎創建了「皮爾·卡登文化中心」，這個中心設有電影院、畫廊、工藝美術拍賣行、歌劇院等，在當時成爲巴黎的一大景觀。 1977年，皮爾·卡登用150萬美元的高價，買下了當時瀕臨破產的「美心餐廳」。

「美心餐廳」本是巴黎的一家高級餐館，建於1893年，是巴黎歷史悠久的餐廳之一。但不知何種原因，當時竟到了瀕臨破產的境地。當店主打算拍賣時，美國、沙烏地阿拉伯等國家的大財團都企圖買下。皮爾·卡登不想讓法國歷史上著名的餐廳落在外國人手上，於是花鉅資把美心餐廳買了下來。在歷史上，美心餐廳的服務對象曾一度僅限貴族。但皮爾·卡登認爲，一成不變，只做少數人生意的經營理念，能夠生存下去的機會很渺茫；只有大衆化，生意才能興隆。因此，他買下美心餐廳之後，一方面繼續保持美心餐廳的傳統特色，如，至今美心餐廳的侍者仍是一律身著燕尾服的男服務生；另一方面則在服務對象上向大衆宣告，歡迎各個階層的食客。這樣，一般的消費者也能光顧美心餐廳，對他們來說，可享受美食，對美心餐廳來說則是增加了收入。爲了讓美心餐廳盡快重現昔日風采，皮爾·卡登還要求餐廳在服務品質上要精益求精。在認眞研究了顧客的心理後，皮爾·卡登從顧客的角度出發，爲美心餐廳的服務生制訂了30條在服務中必須遵守的規則。他反覆強調，要讓客人感覺在美心餐廳用餐是一種享受，而不僅是一種消費。

憑著智慧的頭腦，皮爾·卡登透過一系列改革，將簡單的餐廳用餐提升爲一種生活享受。1980年，美心餐廳終於以全新的姿態出現在世人面前。它不但恢復了昔日的光彩，而且影響遍及全球，紐約、東京、布魯塞爾、新加坡、倫敦、北京等地分店陸續開張。

身爲設計大師，皮爾·卡登除了設計時裝外，還設計家具、燈具、裝飾品、日常用品，甚至汽車和飛機造型。他設計的飛機和汽車都有一種令人耳目一新的感覺。皮爾·卡登公司每年賣出的設計草圖多達千餘件，大部分細部設計則交給取得商標使用權的各地商人。皮爾·卡登只掌握授權公司4%至10%的股份，這使得他的服裝設計更容易走向市場。全球以皮爾·卡登品牌生產的商品，年利潤超過了12億美元。

皮爾·卡登創造了一個商業王國的傳奇，他領導了這場商業革命，同時也是這場商業革命中的最大受益者。一個小裁縫師，卻成就了今天的億萬富翁。

第7章

俄羅斯的半壁江山

自從1992年俄羅斯實行全面私有化，短短的六、七年時間，在俄羅斯出現了一批大財團。控制這些大財團的金融巨頭們發跡之迅速，所聚斂的財富數額之龐大，活動範圍之廣，對俄羅斯的經濟、政治乃至文化上的影響之巨，連連出人意料。他們的發跡史中，有許多令人驚異和發人深省的東西。

1 俄羅斯的六大財團

在俄羅斯私有化的浪潮中，崛起了六大財團。這六大財團是由別列佐夫斯基、古辛斯基、波塔寧、霍多爾科夫斯基、斯摩棱斯基、阿文和佛里德曼等七人創立和領導的六個金融和工業集團。我們分別就這六個財團逐一介紹。

別列佐夫斯基1946年出生於莫斯科。就以前蘇聯的標準而言，他是在非常舒適寬裕的環境中長大。他的父親是一家化工廠的總工程師，母親是一所科學院的研究員。他先後就讀於莫斯科林業技術學院和莫斯科大學，畢業時已拿到了數學博士學位。別列佐夫斯基的伏爾加汽車經銷公司，是跟著俄羅斯全面推行價格自由化和所有權私有化的浪潮發跡。該公司經銷俄羅斯最大的汽車廠——伏爾加汽車廠的汽車，除了賺取出廠價和售價間的差價（例如拉達小轎車的銷售利潤約爲56%），也在惡性通貨膨脹的條件下，不定期利用收取買主訂金和貨款後不按時交給廠家而投入商業運作的方法，牟取暴利。他在短短一兩年內賺了幾億美元，在莫斯科和聖彼德堡等地購買了價值達3億美元的不動產。1991年，別列佐夫斯基還當選俄羅斯科學

院通訊院士。

別列佐夫斯基是一個極富手段的人，他用各種手段發了大財之後，又創立了聯合銀行。1993年，他得到了一個讓葉而欽留下深刻印象的機會，1994年，別列佐夫斯基與葉而欽的女兒迪亞琴科交上朋友後，更是青雲直上。到1995年，別列佐夫斯基已成爲第一家庭的金融顧問。1995年12月，他又聯合其他財團買下了俄羅斯最大的石油公司之一——西伯利亞石油公司51％的股份，掌握了西伯利亞石油公司控制權。在這前後又掌控了俄羅斯民航。此外，別列佐夫斯基還單獨或聯合其他財團控制了一系列重要的新聞媒體，這對於他的事業有著關鍵作用。據調查，別列佐夫斯基擁有約30億美元的個人資產，他本人對這數字也不否認，1997年還曾在美國《富比士》雜誌公佈的全球最富有200人排行榜上名列第97位。

1996年10月至1997年10月，別列佐夫斯基曾擔任俄羅斯安全會議副秘書，1998年4月還被任命爲獨聯體執行秘書，其政治影響力亦可見一斑。

古辛斯基出生於1952年。中學時代，他曾先後研習工程學和舞臺藝術。中學畢業後，他進入圖拉劇院工作，幾年後升任舞臺總監。80年代初，古辛斯基移居莫斯科，做了一段時間的計程車司機後，他開始組織莫斯科演藝團體到西伯利亞地區演出，從中賺了不少錢。同時，古辛斯基還參與經營一家買賣電腦和辦公室設備的國營公司。但直到80年代下半期，他才徹底棄藝經商。

1989年，古辛斯基創立了橋銀行，1992年已成爲「橋集團」老闆。到1996年底，該集團控制了50餘個企業。古辛斯基非常重視新聞媒體。1993年，古辛斯基開始經營傳媒，開辦了俄羅斯第一家獨立電視臺NTV。NTV是俄羅斯境內唯一不受國家控制的電視新聞機構。此後幾年中，古辛斯基陸陸續續收購了「莫斯科回音」電臺、《今日報》和《總結》雜誌等多家媒體，成爲俄羅斯當之無愧的傳媒大亨。其中，《總結》雜誌是美國《新聞週刊》的姐妹機構。1997年初，他所控制的新聞媒體聯合成爲一個獨立的控股公司——新聞媒體「橋」。

古辛斯基一直將默多克奉爲楷模，被俄羅斯人稱爲「默多

克第二」。古辛斯基後來逐漸從銀行業務中退出，專心經營自己的傳媒帝國。與此同時，他開始積極參與政治活動。1996年，古辛斯基與其他幾名俄羅斯大亨聯手支持葉而欽連任總統。此外，古辛斯基與別列佐夫斯基在商業上展開了激烈競爭，引起傳媒的關注。1999年，古辛斯基加入反葉而欽政治團體，展開反葉行動。

波塔寧1961年出生，畢業於莫斯科國際關係學院國際經濟系，求學期間是該院共青團的領導人之一，畢業後在蘇聯外貿部工作。1992年，波塔寧創辦了國際金融公司，並成爲該公司總裁。1993年，在俄羅斯某些政府高官的支持下，波塔寧成立了聯合進出口銀行，到1996年9月底，這家銀行已成爲全俄最大的私營銀行，總資產達151000億盧布，存款額達90000億盧布。波塔寧的財團控制了20餘家超大型企業，其中包括西伯利亞遠東石油公司、諾里爾斯克鎳業公司、諾沃利彼次克製鋁工廠、庫茲涅次克冶金聯合企業、西北輪船公司等。1997年，波塔寧借助國際工業金融集團的力量，買下了電信投資公司25%的股份。

1996年8月至1997年3月，波塔寧曾出任俄羅斯政府第一副總理，主管經濟，在政壇亦舉足輕重。

霍多爾科夫斯基出生在莫斯科的一個普通家庭，畢業於莫斯科門捷列耶夫化工學院。他的發跡史頗具「俄羅斯特色」，是蘇聯解體後在私有化過程中迅速致富的「新俄羅斯人」的典型代表。

1986年，年僅23歲的霍多爾科夫斯基當選爲莫斯科伏龍芝區共青團區委副書記。一年後，霍多爾科夫斯基率先組成了「梅納捷普」合作社。一開始他們做的買賣是盜賣假酒。除此之外，他還參與了盜賣仿冒名牌牛仔褲和電腦的生意。1987年到1989年，霍多爾科夫斯基任青年科技創造中心主任，接著成爲新開辦的商業銀行──科技進步銀行（簡稱海納捷普銀行）董事，1990年改任該銀行總經理，從1991年起，擔任信貸金融企業聯盟梅納捷普的經理會議主席，類似執行長。

梅納捷普銀行在俄羅斯私營銀行中排名第三，到1996年9月底擁有106,000億盧布的資產，存款額爲78,000億盧布。梅納捷普控股的俄羅斯工業公司其旗下有30家公司（遍及石油、紡織、食品、化學、有色金屬、輕金屬、黑色冶金工業所需化學

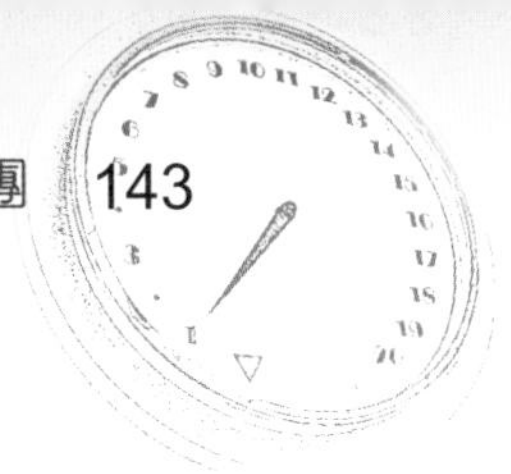

製品、建築材料等八個部門），此外還設有貿易公司。1995年，尤科斯石油公司公開拍賣，霍氏旗下的梅納捷普投資銀行以3.5億美元買下該公司78%的股份。從此，尤科斯石油公司成了霍多爾科夫斯基的「搖錢樹」。

1997年，霍氏開始淡出其他行業，專心經營石油公司，他爲年產3,400萬噸石油的尤科斯投入了17億美元的資金，後又砸下10億美元購買了年產量1,100萬噸石油的東方石油公司。1998年1月，尤科斯公司決定與別列佐夫斯基控制的西伯利亞石油公司合併，組成尤科斯石油公司。這家新公司的石油開採量將居俄羅斯第一位，儲藏量將居世界首位！

斯摩棱斯基曾是一位建築工程師。1987年至1989年主掌「莫斯科——111」合作社，自1989年起擔任「首都銀行」總裁。首都銀行是當時全俄八大銀行之一，資產約9,000億盧布，存款額爲33,600億盧布。除了銀行業，斯摩棱斯基還從事建築、石油和有色金屬的開採和加工、裝甲運鈔車的製造等行業。1995年12月底，斯摩棱斯基與別列佐夫斯基一起買下了西伯利亞石油公司51%的股份。1996年11月，斯摩棱斯基在爭奪全俄羅斯第五大銀行——農工銀行的控制權中獲得了勝利，加強了他在金融界的地位。

「阿爾法」集團經理委員會主席佛里德曼在大學時，就靠大規模盜賣車票賺到了第一筆大錢。1988 年，佛里德曼成為私人企業家。他經營的領域很廣，其中最主要的就是銀行業。自從發跡以來，佛里德曼一直沒有直接參與政治，但他手下人馬在葉而欽時代經常被克里姆林宮看中，屢屢出任政府要職。而阿文曾在蓋達爾政府中擔任外貿部長，後來與佛里德曼一起創辦了阿爾法銀行，接著成立了以該銀行為中心的阿爾法集團。

上述六大集團除了從事金融業並擁有雄厚的資本外，還控制了大批關係國家經濟命脈的大企業，這些企業分佈於能源、金屬冶煉、採礦、建築材料、化工等部門。以石油工業為例，俄羅斯四個最大石油公司中的三個——尤科斯石油公司、西伯利亞遠東石油公司和西伯利亞石油公司，就掌握在這六大財團手裡。這三個石油公司的石油開採量占全國的一半以上，而且六大財團的勢力正在向其他石油公司擴張。由此可見，有報導稱六大財團控制了俄羅斯經濟的50%，恐非無稽之談。

2 六大財團形成的外部環境

日本《每日新聞》的一篇報導曾說過，六大財團的七大巨頭「都是共黨體制瓦解後，趁俄羅斯經濟混亂之際大發橫財的企業家和暴發戶」。1992年初，俄羅斯政府開始全面推行價格自由化和所有權私有化的政策，結果經濟大亂。在商品嚴重短缺和生產急劇衰退的情況下放開價格，導致惡性通貨膨脹，一般老百姓深受其害，生活水準大幅度下降，可是這卻給少數人創造了發橫財的機會。縱向分析，六大財團完全是私有化的產物，別列佐夫斯基就曾公開承認過這一點。

在私有化的第一個階段，俄羅斯政府的主要做法是放開小型企業，將其出售或拍賣。當時政府爲了製造國有資產折價公平分配給全體公民的假象，曾給每個公民發放面值10,000盧布的所謂私有化證券。但這些私有化證券很快就集中到少數人手中，他們就利用這些證券買下了幾萬個國有企業。

私有化進入第二個階段後，重點變爲開放大型企業。俄政府先將其改造成開放型的股份公司，然後出售股票。同時，政府爲了彌補財政赤字，決定拍賣石油和礦產資源公司等一系列與國家經濟命脈相關的超大型企業的股份。這個時候的六大財團已初具規模，有相當的實力，於是它們或單獨或幾家聯合購買這些大型國營公司的股票，以達到控股的目的。

俄羅斯的金融巨頭們在聚斂財富上動用了各種合法的和非法的手段。他們或收買這些國有企業的領導人，與他們內外勾結，化公爲私，盜竊國有資產，或想盡各種方法控制這些國有企業的資金，用國有企業的錢爲自己牟取暴利。正如前俄羅斯一位高官所言：「金融巨頭們經常藉由控制國有企業經理人員和國有企業的資金流動來爲自己創造財富。」

六大財團之所以迅速崛起，還有一個重要原因：他們本人或手下人員與政府都或多或少有某種密切的聯繫，也就是說，他們或者在政府裡有自己的人，或者在自己的領導班底裡有曾在政府任職的高級官員。如，這些財團在一段時間內與丘拜斯保持著良好的關係，並稱他是他們的「自己人」。七大巨頭之一的波塔寧就有很多政府高官朋友，除丘拜斯外，他與負責對外經濟聯繫的前政府副總理達維多夫、前財政部長費多羅夫是等都有密切聯繫。當年波塔寧創建聯合進出口銀行時，在獲得必要的許可和開業執照方面曾得到他們的鼎力相助。之後，這家銀行在這些政府官員的極力保舉下，成爲國家軍火公司授權的少數幾家銀行之一。

從六大財團的人員組成來看，我們不難發現，其中原政府高官佔有一定比例。控制阿爾法的阿文就當過蓋達爾政府的外貿部長，他的副手維德曾任原蘇聯國家計委副主席。梅納捷普集團的領導人霍多爾科夫斯基出身於過去的共青團幹部，曾任共青團莫斯科市委第二書記，他的副手莫納霍夫原爲莫斯科市第一書記。這種政商勾結的特性，可能是資本主義的一個致命缺陷。

俄羅斯的一位經濟學家在談到俄羅斯新資產階級的特點和影響時，曾說：「一小撮暴發戶神話般地致富，而國家卻變窮了，人民赤貧。我國（俄羅斯）的暴發戶沒有創造任何實際的資產，他們只是盜竊蘇維埃人用勞動創造的財富。」事實也確實如此。據相關資料顯示，二戰期間，蘇聯經濟雖遭到戰爭的嚴重破壞，但生產總值只減少了17%，工業總產值只減少了9%，其中原料的生產反而增加了12%，而在1991年到1996年間，俄羅斯生產總值卻減少了46%，工業總產值減少了54%，消費品生產劇降58%。

此外，俄羅斯的一些大財團與西方金融界的關係變得愈來愈密切，它們借助西方某些金融集團的力量來控制俄羅斯的一些重要經濟部門，在這方面表現的最突出的是波塔寧的聯合進出口銀行。聯合進出口銀行與國際金融投機商索羅斯「合作」，利用索羅斯的量子基金會提供的大筆資金，買下了諾沃利彼次克鋼鐵聯合企業40%的股份，之後又取得了全俄最大的電信壟斷公司——電信投資公司25%的股份，成爲這兩家大企業舉足輕重的股東之一。波塔寧控制的西伯利亞遠東石油公司還與英國石油公司簽訂了合作協定。這種與西方金融勢力結合的趨勢正在迅速發展，其他的大財團相繼仿效。

不過，俄羅斯的富翁們與西方的資本家有所不同，他們不把累積的資本投入發展本國的經濟，而是把它存到國外銀行的帳戶，或用來在國外購置不動產。如，1992年到1997年，俄羅斯的外流資金超過623億美元，折合盧布3,232,000億。這只是一個保守數字，實際的外流資金至少要比這個數字多一倍。相對地，俄羅斯國內經濟困難，財政拮据，於是政府不得不向國際金融機構和金融寡頭舉借巨額外債，來支付拖欠的工資和退休金，以緩和群衆的不滿情緒。

在這種情況下，俄羅斯的某些財團還與黑社會勢力勾結，定期向黑社會「進貢」，給他們一些好處，一方面利用黑社會的勢力來保護自己，另一方面還可以指使職業殺手除掉競爭對手和妨礙其掠奪行爲的人。

3 奸商從政

六大財團在其形成過程中，為了累積資本，曾透過加強與政府機關的「聯繫」和借助與某些高官的「合作」，來達到自己的目的，這已成為俄羅斯新資本主義的一大特點。隨著六大財團經濟實力的增長，他們已不滿足於以往「求助於人」的做法，於是染指政治上。他們仗著手中掌握的金錢，直接干預政治和影響政局，甚至採取行動來謀取政治權力，其目的是為了利用政治的力量鞏固自己的地位和保護既得利益，進一步攫取更多的財富。

六大財團「向政權進軍」的這種傾向，到1996年已十分明顯，他們的具體做法之一就是尋找代理人進入政府部門，二是本人直接從政。他們在1996年總統選舉中所發揮的作用充分說明了這一點。

1996年，俄羅斯舉行獨立後的首次總統選舉。在經濟秩序混亂、車臣戰事前景渺茫的情況下，當時的總統葉爾欽遭到來自共產黨人的挑戰，在1995年12月的國會選舉中，俄共大勝；不久，俄共領導人久加諾夫宣佈參選總統，根據當時的民意調查來看，他當選的呼聲很高，所以葉而欽急於尋求政治和經濟支援以確保大選勝利。金融巨頭們也察覺到共產黨有重新上臺的可能，便聯合起來採取行動阻止其發生。當然他們也害怕共產黨重新執政會影響自己的利益，希望透過介入政治來確保既得利益。

1996年1月，六大財團的七大巨頭利用去瑞士達沃斯參加「世界經濟論壇」的機會，在私下成立了一個「重塑祖國前途聯盟」，這就是所謂的「七人集團」。他們決定支援葉而欽競選總統，組織了一個以丘拜斯爲首的十人競選班底，據媒體透露，這六大財團暗中爲葉而欽競選總統提供了大約300萬美元的經費，與此同時，六大財團還發動他們掌握的宣傳機器，尤其是利用獨立電視臺、俄羅斯公共電視臺，以及一些發行量大的報刊，爲他們支援的新資產階級代表葉而欽做宣傳，同時造謠攻擊他們反對的共產黨候選人。被稱爲新聞媒體大王的古辛斯基表現得尤爲積極。總之，六大財團在這次競選中卯足全力，促成了葉而欽最後勝出。

波塔寧在1996年8月曾出任俄政府第一副總理，主管經濟部、反壟斷委員會、國家財產部，他的從政，不僅給他的財團帶來了好處，而且也給其他幾個財團帶來了利益。

葉而欽時期，經濟寡頭們經常干預俄羅斯的內政和外交，甚至將自己的親信安插到政府的各個部門。

七人集團中另一個曾經從政的人是別列佐夫斯基。

在七大巨頭中，別列佐夫斯基可以說是對政治最感興趣的一個，同時也是他們當中的「思想家」。別列佐夫斯基從1995年底就把主要注意力放在政治上，他認爲「鞏固在政治方面已取得的利益，要比累積愈來愈多的財富更爲重要」。他認爲俄羅斯的強大支柱是大資本家。在他看來，目前的俄羅斯還存在著「共產主義復辟和再一次重新分配財產的危險」，因此，抓緊政權至關重要。

別列佐夫斯基曾於1996年被任命爲俄羅斯安全會議副秘書。波塔寧和別列佐夫斯基擔任公職後，儘管表面上都辭去了公司的職務，實際上仍繼續從事商業活動。波塔寧和別列佐夫斯基利用職務之便牟取私利、發展自家財團勢力的做法，一方面引起了民眾的反對，另一方面激化了各財團之間的矛盾，後來在各方壓力下，兩人先後被解除了職務。但是他們並未就此罷休。波塔寧與丘拜斯結爲盟友，仍然保持著他在政府內的影響。別列佐夫斯基在這方面也活動頻繁。

俄羅斯經濟寡頭們對政治的興趣幾乎是不加掩飾的。霍多爾科夫斯基曾經爲包括自由民主黨、右翼聯盟、俄羅斯共產黨在內的多個黨派提供經費支援，並利用他在國會中的關係上下活動，阻止通過對石油工業課稅的法案。此外他還介入政府的石油政策。據說，他有意參加2008年的總統競選，企圖問鼎總統寶座。

俄羅斯法律有一項規定：「俄羅斯國會議員享有『司法豁免權』，檢察機關如果懷疑議員有違法行爲，必須經過該議員所在的上院（聯邦委員會）或下院（國家杜馬）全體成員投票表決同意，才能立案偵查。」這頂「保護傘」自然對那些在私有化過程中手腳不乾淨的富商們有莫大的吸引力。

4 控制新聞媒體

現代生活中，電視以其涵蓋面廣、影像生動等優勢，在新聞媒體中佔有重要地位，對群衆產生的影響特別大。因此，俄羅斯的金融巨頭們在控制新聞媒體的過程中，首先就瞄準了電視這項傳媒工具。

六大財團在累積財富的同時，也都對新聞媒體投入了不同程度的「關注」，他們或單獨或聯合起來控制了俄羅斯國內的一些電視臺和廣播電臺，以及發行量較大的報刊，在這方面最先下手的是別列佐夫斯基和古辛斯基。

別列佐夫斯基的汽車經銷公司和聯合銀行擁有俄羅斯公共電視臺16%的股份，成爲該電視臺最大的私人股東。別列佐夫斯基控制了俄羅斯影響最大的報紙之一《獨立報》的股份，同時擁有《今日報》、《新報》的股份。曾爲「改革」製造輿論立下汗馬功勞的著名彩色雜誌《星火畫報》，現在也爲別列佐夫斯基所控制。

1993年，古辛斯基創辦了所謂的獨立電視臺，擁有它的77

%的股份。這家電視臺對1996年葉而欽取得總統選舉的勝利有巨大作用。爲了回報，葉而欽掌權後允許其增加播出時間。後來古辛斯基的獨立電視臺增設五個頻道。同樣，古辛斯基也透過這些新聞媒體爲自己的財團創造了巨大收益。古辛斯基和他的「橋集團」除了建立自己的電視臺外，還買下了莫斯科回聲電臺。與此同時，古辛斯基以直接或間接提供資金的方法，試圖擴大對《莫斯科共青團員報》、《莫斯科眞理報》、《自鳴鐘報》、《文學報》的影響。

1995年根據總統命令創建的俄羅斯公共電視臺，成爲各財團爭相控制的目標。創建之初，國家保有51%的股份，其餘股份賣給了私人。別列佐夫斯基聯合阿爾法銀行、梅納捷普銀行和首都儲蓄銀行，購買了公共電視臺38%的股份。1997年10月，在別列佐夫斯基等人的強烈要求下，政府不得不解聘該電視臺經理，由他們滿意的人選接掌，這樣一來，這個在俄羅斯具有巨大影響力的電視臺，基本上已爲這些大財團所掌握。

斯摩棱斯基及其首都儲蓄銀行除了擁有獨立電視臺、公共電視臺的股份外，也是《今日報》和《新報》的贊助者。他還創辦了《生意人日報》。

霍多爾科夫斯基也重視對新聞媒體的控制。他購買了一個叫做「獨立新聞媒體」的國際公司的10%股份，這家公司在俄羅斯發行《莫斯科時報》、《資本報》、《聖彼德堡時報》、《俄羅斯評論》等報刊，同時出版美國的《世界主義者》、《家庭雜誌》、《花花公子》等雜誌的俄文版。1997年9月，霍多爾科夫斯基領導的俄羅斯工業公司董事會成員涅夫茲林被任命爲國家通訊社——塔斯社的副社長，爲該集團控制這家通訊社邁出了重要的一步。

看到其他財團紛紛向新聞媒體進軍，波塔寧雖然是比較落後了些，但也緊追不捨。波塔寧買下了很有影響力的《消息報》，控制了《共青團眞理報》。

不僅是六大財團意識到新聞媒體的重要性，其他的工業金融集團也逐漸體認到控制新聞媒體的重要性，並在這方面下了不少工夫。1996年5月，與切爾諾梅爾金關係密切的天然氣工業公司買下了獨立電視臺30%的股份，並參與了該電視臺增設頻道的創建工作；同年9月天然氣工業公司決定購買《共青團眞理報》的20%的股份和《勞動報》的部分股份；1997年，這家公司又控制了《工人論壇報》。此外，天然氣工業公司籌建了廣播電視公司「普羅米修士」，並且仿照古辛斯基的做法，成立了天然氣工業新聞媒體公司。

總之，目前除了某些屬於俄共和左翼反對派的報刊之外，俄羅斯的新聞媒體大部分已落入各大財團之手。私有化走到這一步，不得不教人喟歎。

第8章

一敗難求的股市教父

如果在1956年，拿10,000美元要求與本章的主角共同投資，那麼你會非常幸運而且很有遠見，因為你的資金到今天會獲得27,000多倍的驚人報酬，而同期的道瓊工業股票價平均指數也上升了大約11倍。也就是說，如果伯克希爾的股價為7.5萬美元，扣除各種費用，繳納各項稅款之後，當初投資的1萬美元就會變為現在的2.7億美元，其中還有一部分費用是發生在最初的合夥企業裡。難怪那些想發財的人會把伯克希爾股票稱為拼命想要得到的一件禮物！

1 巴菲特初來乍到

1930年8月30日，巴菲特出生於奧馬哈市，當時正值經濟大蕭條的中期。巴菲特從小就具有極強的投資意識。他的父母都是比較虔誠信神的人，所以希望巴菲特能成爲一個傳教者，可是小巴菲特卻對擁有金錢的感覺特別著迷。他的這種著迷表現在各方面。比如，在做數學計算題時，特別是要用極快的速度計算複利時，其他小朋友都會擺出一副苦瓜臉，或只把它當成一種學習的負擔，而巴菲特卻把它當成了一種遊戲。這種學習的遊戲是他兒時喜歡的一種消遣，他的執著令全家人刮目相看。

巴菲特從小就表現出過人的生意頭腦，才六歲大，他以每箱25美分的價錢在爺爺的雜貨店購買了一箱可樂，然後以每瓶50美分的價錢在附近兜售，結果六歲的他就小賺了一筆。

巴菲特不僅早熟，而且非常聰明，學習非常勤奮刻苦。還不滿10歲，巴菲特就可以就美國城市人口問題滔滔不絕地談上半天，有時一些觀點甚至讓他的父母和老師瞠目結舌。念小學時，他就曾因學業成績優異跳了一級。

巴菲特對股票的興趣很早就露出了徵兆。他在露絲黑爾學校就讀時，曾發表了一篇名爲「馬僮選集」的報告，在這篇報告中，巴菲特對賽馬中如何設置障礙以及如何下注做了細膩的分析。後來，他在他父母居所的地下室裡完成了這本小冊子的印刷，然後以每本25美分的價格在附近地區出售。八歲大的巴菲特就開始閱讀有關股票市場方面的書籍。隨著年齡的增長，他對股票市場的癡迷有增無減，根據當時的股票市場，繪製股價的漲跌圖表。10歲的時候，巴菲特開始在他父親的經紀人業務辦公室裡做些張貼有價證券的價格、塡寫有關股票及債券的文件等工作。

1941年，11歲的巴菲特購買了生平第一張股票，當時他賺了5美元。也許正是因爲這5美元，巴菲特有了動力，進而一發不可收拾。巴菲特一直關注著股票市場的變化，計算有利的平均價格，依此買進或賣出股票，並且他愈來愈意識到，他對股票市場的預計要比周圍其他人敏銳、精明得多。在長期的對股票的關注中，巴菲特對早期投資股票市場的一項經驗很透徹的理解：不要被人們的言論所左右，也不要把你的所作所爲告訴其他投資者。

班・格雷厄姆的授課後來也對這項經驗做了進一步的論證（班・格雷厄姆是巴菲特在哥倫比亞商學院就讀時的老師）。當時他向學生講授了一個道理：「你的觀點得到別人認同時，不一定證明你是對的，而你的觀點受到別人反對時，也不能證明你就是錯的。」這番話讓巴菲特終身難忘，且讓他日後在事業上受益匪淺。

1942年，巴菲特的父親獲共和黨提名當選爲美國國會會員，由於父親的工作需要，1943年，他們全家搬到了華盛頓。但當時的巴菲特不喜歡那種生活，所以他曾一度和爺爺住在奧馬哈。

在華盛頓，巴菲特進入愛麗斯・迪爾中學就讀。當時巴菲特的學費基本上都是自己負擔，他勤勉刻苦地兼差送報生。有一段時間，巴菲特每天要走5條路線遞送500份報紙給公寓大樓內的住戶。

1945年巴菲特還在高中讀書的時候，他就從父親手裡買下了一家農場，這個農場占地40英畝，當時還沒有耕種過，巴菲特花了1200美元從父親那裡買來，然後他把農場租給別人，賺取中間的些許差價。

1947年，巴菲特高中畢業。在他對股票市場的研究還處於「繪製股市行情圖」的階段時，就已經積聚了一筆大約6000美元的財富，當時巴菲特賺的錢比他老師的薪水還多，所以高中畢業時他並沒有打算進大學讀書，只想繼續他所謂的事業。但在父母的勸說下，巴菲特還是進入了賓州大學的華頓商學院就讀。在那裡，巴菲特學會了打橋牌。大三時，巴菲特轉到內布拉斯加大學繼續求學。

由於他在中學時累積了豐富的送報經驗，因而在內布拉斯加大學時，他擔任《林肯》雜誌發行部的營業主任，負責60個送報生在6個農村地區的送報工作。這份工作給他帶來了很大收穫，從工作中他掌握了企業運作的第一手資料。1950年夏天，19歲的巴菲特從內布拉斯加大學畢業，申請就讀哈佛商學院，卻被哈佛大學拒絕了。雖然當時巴菲特的志向並不在成爲學術偉人，但被哈佛大學拒於門外還是讓他很難過，然而緊接其後的事實證明，這對他日後的事業也未嘗不是一件好事，因爲教授商業的權威教授在哥倫比亞大學。巴菲特想通了這一點，便向哥倫比亞商學院提出申請，並且很快就收到了入學通知書。

1951年6月，巴菲特帶著一整套商業理論從哥倫比亞商學院畢業。1956年，巴菲特在親朋好友的幫助下，湊了10.5萬美元，成立了自己的公司——「巴菲特有限公司」。 由於經營有方，只花了短短一年時間，即1957年，巴菲特掌握的資金就達到了30萬美元，年底更增至50萬美元。憑著多年來的商業頭腦潛力的發揮，巴菲特的資金迅速膨脹。1964年，巴菲特的個人財產已達到400萬美元，他掌握的資金則高達2200萬美元，使他成爲千萬富翁的願望得以實現。

2 賺錢有道

1965年春，巴菲特收購伯克希爾公司，當時道瓊指數接近1,000點，而伯克希爾的股價只有十幾美元；1983年，道瓊指數約爲1,000點，伯克希爾的股價約爲1,000美元；到了2002年，伯克希爾的股價漲到了大約75,000美元，而這時的道瓊指數約爲10,000點。從這一對比我們可以看出，伯克希爾公司的出色業績可以跟美國任何一家企業相媲美，別看巴菲特在金融領域有這麼大的名氣，其實，在1991年他出面拯救華爾街的所羅門公司之前，他一直鮮爲人知。1994年底，巴菲特的紡紗廠不僅搖身變成龐大投資金融集團，更發展成擁有230億美元的伯克希爾工業王國。伯克希爾的股價在30年間上漲了2,000倍，而標準普爾500家指數內的股票平均才上漲了近50倍。

簡單和永恆正是巴菲特從冒險投資中挖掘出來並珍藏的東西。在伯克希爾公司旗下那些獲取巨額利潤的企業中，沒有哪個企業是從事研究和開發的。巴菲特靠一些重大而又成功的投資決策創造了伯克希爾公司，更使伯克希爾公司在簡單和永恆中持續贏利。巴菲特是一位馬拉松式的投資健將，投資機會來臨時，他四處出擊，竭力收購更大的企業。巴菲特總是在經濟困難時期以低廉的價格收購企業，然後長期持有。巴菲特現在持有的許多投資專案都長達數年、數十年，經歷了經濟榮景和蕭條時期。

巴菲特認爲，投資方法和投資策略很相似，因爲兩者都要盡可能的去收集資訊，然後隨著情況發展，不斷添加新的資訊。巴菲特還勸告投資者，不論什麼投資，只要根據當時擁有的資訊研判，認爲自己有成功的可能，就去做它，但是獲得新的資訊後，要隨時調整你的行爲方式或做事方法。這樣，你才會在資訊的指導下做出正確的投資。

不管是以前還是現在，很多投資者的投資都是徒勞的，那爲什麼巴菲特的投資基本上都能獲利？從分析中不難看出，巴菲特的投資理念之所以得到成功的因素很多，其中最重要的因素就是巴菲特從不以股價作爲投資標準，其投資決策的依據主要是公司的商業經營活動，如公司的經營模式、類股發展狀況，以及企業管理方式等。不難想像，如果巴菲特也一味地以股價爲投資準則的話，那上個世紀肯定又少了一位投資大師。

進一步概括，巴菲特投資理念的精髓就是：要想投資成功，除了選擇正確的，還要對公司的財務報表和高級主管人員的智力、能力、性格進行分析。少了其中任何一個環節，你的投資都會受影響。

說巴菲特是「簡單而精明的投資者典範」並不爲過。在現實中，他確實是一位天才。在他事業成長的過程中，理性和常識是巴菲特的引路明燈，而他的常識非同一般。比如，巴菲特10歲大就開始做起簡單的生意。當時他最喜歡賣的飲料是百事可樂。雖然百事可樂和可口可樂售價相同，但在那時每瓶百事可樂的容量是12盎司，而可口可樂卻只有6盎司。和巴菲特年齡相仿甚至比他大的孩子都心滿意足地喝著汽水，從不多想什麼，巴菲特卻不一樣，他總是撿起汽水機旁被人們丟棄的汽水瓶蓋，然後把它們分開放置，數一下兩種瓶蓋的個數，看看哪種牌子的汽水賣得快。當然，賣得好的汽水就是巴菲特當時的投資所向了。

在管理人員方面，巴菲特也相當精明。他的工作可以用四個字來概括：「分配資金」。說到巴菲特精明，他的員工都無可否認，巴菲特懂得員工們到底需要些什麼，而他應該給他們些什麼。對於這一點，他從不吝嗇。他明白讓伯克希爾公司旗下眾多企業的經理們工作愉快的重要性。在這些經理當中，有3/4的人管理著價值超過1億美元的企業，因此從管理資金上說，他們都是巴菲特相中的合適人選。既然有了人才，那麼他還需要什麼呢？接下來他所要做的就是不斷激勵他們，授權讓他們有充分的權力。不過，釋放權力並不等於撒手不管，巴菲特每隔兩年就給這些經理們寄一封長達兩頁的信，信的內容基本上是建議他們應當像對待他們自己的企業那樣去管理伯克希爾，應當考慮如何在企業周圍「修築一條壕溝以拒盜匪於城堡之外」等等。

巴菲特的併購手腕相當高明。在大多數情況下，當一家優秀企業受到某種暫時性的詆毀、威脅或誤解時，巴菲特就開始採取投資行動。這個時候，他會大量收購股票，他的資本於是迅速增值，其中，他在收購一家大公司時，資本曾增值了40多倍，由此可見，併購投資給巴菲特帶來的收益有多大。如今，巴菲特已經完全擁有政府員工保險公司。

在巴菲特的影響之下，伯克希爾公司的一條重要理念就是，一有機會就傾力投注，而且投注的時候千萬不要想將來。將來是人爲製造的，巴菲特一直這樣認爲。不過，巴菲特的投資也並不是盲目的，他收購的主要是那些一時出狀況的私人公家單位的一部分股票。由於巴菲特的眼光銳利，這些股票大多都能獲利。

別以爲巴菲特不做的事情就不重要，他不做的事情和他做的事情同樣重要。他不做任何程式交易，而伯克希爾股票的某些經紀商卻這樣做，他也不針對某家公司下一季收益做短線操作，但巴菲特卻能獲得巨額收益。他說話從不帶任何危言聳聽之詞，也不參與敵意收購。在他看來，賺錢的秘訣並不在於冒險而在於避險，因此，巴菲特和伯克希爾在股市競爭激烈的今天穩步前進，而不窺伺其他競爭者。

巴菲特的價值投資理念不僅使他事業成功，而且聲譽卓著、美名遠揚，自然成爲人們傳頌的英雄。巴菲特的神秘性已經超出了他所生存的這個世界。

巴菲特說：「當你非常清楚自己所處的環境，而且事實也非常確切時，無論有多少人反對，都不要猶豫，不要顧慮你的行動是否符合常規，也不要在意別人是否同意你的意見，因爲只有你能主宰自己的命運。」20世紀70年代，幾乎人人皆因新聞業前景不樂觀而紛紛拋售股票時，巴菲特卻發現新聞業享有保險免賠限度的持權，進而接二連三地大量購進媒體股票，結果，他大賺一筆。

很小的時候開始，巴菲特就很少向對手攤牌，除非萬不得已，他才可能稍微露一手。當華爾街試圖猜測他的舉動時，他這種行爲就更顯露了深遠的意義。無論外界如何對他關注，他在股票市場的一舉一動幾乎還是不爲外人所知。要不是每年三月份伯克希爾公司發表年度報告，他肯定會一直保守他的投資機密。

3 業餘也瘋狂

巴菲特在工作之餘不喜歡熱鬧，他通常隱居在美國腹地，那裡盛產玉米，遍地牛羊，生活寧靜，他說他喜歡這種與世無爭的環境。不過在這裡，他也不是純粹閒著，他的時間基本上都是用於思索和閱讀。巴菲特說：「我的工作就是閱讀。」往往從閱讀中他獲得了重要的資訊。

一直以來，巴菲特家族都是堅定的共和黨支持者，但是，這個家族中的每個人又都具有非常獨立的性格。當巴菲特和妻子蘇珊一反常態成爲民主黨支持者後，全家人都感到非常震驚，尤其是巴菲特的父母。巴菲特認爲在民權問題上，民主黨人的處理方法要比共和黨人的處理方法好得多，他覺得民主黨人在民權問題上的觀點非常接近他在20世紀60年代的想法。但巴菲特表示不會參加政黨路線的選舉。巴菲特甚至極力勸說自己的家人也擁護民主黨。身爲國會議員的巴菲特就是這樣一個誠實、坦率，且在財政方面很保守的人，他曾將政府給他增加年薪的2500美元（從1萬美元增長到1.25萬美元）退還給美國財政部，爲此，他還費了一番口舌去說服他的家人。

巴菲特除了打網球、高爾夫球和壁球外，業餘愛好還包括繪畫，但是他特別喜愛的還是打橋牌，這一習慣是他在大學時養成的。

巴菲特經常說：「如果監獄囚房裡有3個會打橋牌的人的話，我不介意去坐牢。」可別拿他這些話當玩笑，對巴菲特來說，他肯定做得出來。巴菲特的牌友很多，有彼得·林區、喬治·伯恩斯等。更有趣的是，有一次，伯恩斯在洛杉磯的山頂鄉村俱樂部和巴菲特打橋牌時，在桌子下面特別寫了一行字：「打不到95分就不許抽菸。」那次，伯恩斯打敗了巴菲特，當然，巴菲特也遵守了規則，沒打到95分眞的沒有抽菸。

巴菲特經常和他的妹妹羅貝妲，以及來自加州卡梅爾的妹夫希爾頓·比阿利克一起打橋牌。現在，他還會和微軟公司創辦人的父親、西雅圖的一位律師——威廉·蓋茲一起玩橋牌。也許在偉大的橋牌運動員和偉大的證券分析師身上，都存在著敏銳的直覺判斷能力，因爲他們都需要計算獲勝的機率。他們信任自己基於一些無形的、難以捉摸的因素所做出的決定。

不要認爲巴菲特只是把打橋牌當成了一種消遣，他對打橋牌可是看得和他的事業差不多重要。1993年到1995年間，巴菲特組織過一支橋牌隊，巴菲特任隊長，在橋牌比賽中，連續3年打敗了美國國會的橋牌代表隊，巴菲特還曾爲此上過報紙的頭條呢！

巴菲特說：「打橋牌時，你打出的每一張牌，都希望能得到你對家人的支持和回應。在生意上，你辦事的方式是，最大限度地使你的部門經理和員工都能爲公司竭盡全力地去工作。」由此可見，從打橋牌中，巴菲特獲得的不僅僅是娛樂，還可以得到別人在生意場上得不到的重要資訊，當然，這裡所說的資訊並不是具體的資訊。不過，巴菲特的保守思想讓他對此事絕口不承認，當記者問他的橋牌風格是否和他操作股市的作風類似時，巴菲特拒絕承認，他說他沒有玩股票，而是在收購公司。

第9章

將世界遊戲於掌上

美國通用無線公司是行動無線應用服務的領導供應商。該公司為太平洋兩岸提供行動無線應用服務，專為兩岸三地及美國的行動電話或無線掌上電腦用戶提供即時資訊和電子商務服務，如股票交易和行動銀行等方面的資訊等。

1998年7月28日，美通公司被稱為「資訊王」的雙向個人行動資訊機，由上海國脈通信股份有限公司在世界上首次推出，開始向客戶提供資訊服務。這種資訊機可以用無線方式與網際網路相聯並能夠收發電子郵件，且與現有單向呼叫系統完全相容。這種資訊機的投入使用，標示著未來全球市場總值高達1萬億美元的一個全新產業——個人行動資訊業的誕生，而將這一全球革命性的技術和產品帶給世界的人，卻是一個留學美國並在矽谷創業的中國人——王維嘉。

1 矽谷創業

王維嘉1958年出生於西安， 1977年考入中國科技大學無線電系，1984年獲得碩士學位， 1985年初，王維嘉如願以償地獲得了史丹福大學的獎學金，赴美攻讀電氣工程博士。1987年王維嘉拿到博士學位；1987到1989年，在太平洋貝爾公司負責矽谷灣區的第一條光纖寬頻網路；1989到1992年，在矽谷蜂窩資訊公司設計了世界上第一個基於IP協議的無線資訊網；1992到1994年，在微軟創始人保羅．艾倫創辦的INTERVAL RESEARCH研究寬頻無限網路，並獲得6項美國專利。

王維嘉一直認為：對於一個創業者來說，熟悉和瞭解風險投資者及其運作模式，是融資成功的一個關鍵前提。除此之外，創業者在與風險投資家接觸的過程中，還必須有專業化的表現和足夠的堅韌個性。創業者除了要擁有樂觀、敢冒險、自信等性格特質之外，最重要的還要有堅忍不拔的毅力和執著精神。創業不同於科學研究，創業者首先要相信自己及自己所做的事，然後還要不斷地聽從自己心靈的呼喚，而不能靠所謂的理性的指引。儘管中間會出現各種挫折，但只要你盡力了，老

天總不會虧待你。王維嘉就是憑著這一信念，走上了一條不歸的創業之路。他甚至笑言，自己的創業有些像吸毒，一旦開始了，就會上癮。

在王維嘉創辦美通公司之前，他曾創辦過另一個公司，叫通用無線傳播公司，但後來達拉斯也出現了一個公司叫通用無線公司，因爲王維嘉的這個公司破產了，破產以後的王維嘉接到很多電話，有問其原因的，也有討債的，當時王維嘉非常苦惱，於是他索性把公司的名字改成GWCOM，聽起來是想做成GE、GM的感覺，不過，王維嘉只不過是想讓對手會錯意。

1994年，王維嘉在矽谷正式創建美通公司。矽谷每天都有好幾百家公司創立，但美通公司是第一家由中國大陸華人在矽谷創辦，而得到巨額風險投資支援的高科技公司，也是全世界首創個人行動資訊產業並推出了無線資訊網路、個人資訊終端及應用軟體系列產品的公司。

美通創建之初，王維嘉就把企業的發展方向確立爲個人提供行動資訊服務。當時，王維嘉看到了現代技術的三個主要發展趨勢：一個是電腦將從桌面轉爲手持，二是無線通訊包括手機和呼叫器的迅速普及，和通訊成本的不斷下降，三是網際網路的大爆炸。所以當時王維嘉的創業想法就是：把這三項當代最重要的技術結合在一起，在掌上透過無線上網方式接入網際網路終端；如果可能，只要輕輕一點，就隨時隨地可以看到全世界的任何資訊。秉持爲個人行動資訊服務的理念，王維嘉和他的美通公司開始了其創業歷程。

在矽谷，風險投資者所支持的創業公司有一個不太精確的經驗定律，即所謂的「大拇指定律」。「大拇指定律」的含義是：在每十個風險資本所投入的創業公司中，平均有三個會關門，有三個會發展成小公司但停滯不前，最終還是被收購，另外還有三個企業會上市且有不錯的市值，但不會稱霸，而剩下的最後一個則會成爲耀眼的企業新星，也就是我們稱作「大拇指」的那個。但在高科技術企業邁向「大拇指」之路上，資本是不可或缺的關鍵一環。王維嘉的美通公司就是這樣的一個「大拇指」企業，充滿自信，而衆多風險投資者對美通公司的巨額投資更是強而有力的支持。

2 產品理念誕生

說起美通理念的形成，還有一個令王維嘉興奮的故事。

美通創立之初，由於資金拮据，爲了融資，王維嘉寫了一份非常詳細的產品開發計畫。在他不斷修改產品開發計畫書之際，腦海裡突然冒出一個想法。王維嘉是那種有了想法就馬上行動的人，於是他立即召集美通全體職員開會，會上，王維嘉不容反駁地向他的職員宣佈：「我們現在做的東西遠非呼叫器的概念，它的未來應能讓人們進行充分的資訊交流。」其實，這個概念到底是什麼，王維嘉當時也說不清楚，所以他只能說到此，其他的也做不出任何解釋，不過他相信自己的直覺是正確的。

當時還沒有掌上電腦，網際網路也才是剛起步。很多投資者都沒有看到這一方向，看到的也覺得那是一種冒險。然而，王維嘉當時的直覺特別強烈，到現在回想起來還會爲自己的先見之明而激動不已。他認爲，他當時預想的是一種人人都需要的、能交流的、能進行商務的工具，以現在來說，這種工具已成爲事實，可是當時很少有人認同他這開路先鋒之舉。王維嘉說出自己的想法後，公司所有人都感到十分迷惘，有些員工甚至根本不明白他在說什麼。

雖然公司員工都不理解，但他還是我行我素。他與美通公司的工程師一起研究並開發產品。在設計中，他不時提出自己的意見和想法，比如，王維嘉認爲：這個還沒有開發出來的產品，外形一定要讓人第一眼看上去就不像大哥大，也不像呼叫器，應該是一個全新的樣子。產品的設計在王維嘉和工程師的腦海裡進行了千萬遍的修潤，王維嘉還是覺得不能體現出自己的構想，於是他又找外型設計公司、機械設計公司，與他們進行反覆探討，對一個原本毫無形狀的東西進行了幾百次地修改。到後來，隨著網際網路的愈來愈紅，這一產品的設計也愈來愈完善，終於做成了現在這個樣子——撲克牌大小，螢幕占2/3。從這一件事上就可以看出，王維嘉是那種力求完美的創業者。

不過，這些都是王維嘉在美國的創業歷程。1996年，他準備回中國大陸發展。美國與中國大陸的內部環境差異很大，美通還能得到像在美國那樣的發展嗎？何況這是王維嘉第一次面對中國的專業人士，要對他們演講，然而當時，他的產品還沒有一個令人滿意的名字。他覺得不能叫尋呼，也不能叫資料，而且這產品和傳統的無線資訊（CDPD）也不一樣，那到底應該叫什麼呢？王維嘉陷入了困境。就在演講之前的晚上，王維嘉腦中突然出現了一個念頭，何不叫「個人行動資訊系統」呢？這個名字太好了！王維嘉不禁爲自己的靈感而有點飄飄然，這個名字把自己的一切想法和觀念都囊括進去了。直到現在，一提起這個名字，提起這個創意，王維嘉仍會興奮不已。王維嘉深深地相信，個人行動資訊以及後來的移動無線網際網路，在全世界絕對是美通發明出來的。而美通公司也是第一位華人首次在全世界提出一個全新的產業概念。雖然它的影響並沒有當初的蘋果、網景那麼大，他的影響也相當深遠。

美通剛成立的時候，美國網際網路才剛剛熱門起來，有線電話逐漸朝行動電話轉移，這個時候提出個人行動資訊這個概念，曲高和寡也就在所難免。隨著網際網路愈來愈熱門，人們對資訊技術的要求愈來愈強烈，美通的個人行動資訊系統也相對發展爲無線網際網路，個人行動資訊這一概念終究被業界承認，並且受到整個社會的矚目。

3 融資專家

美通創立之前和創立之初，由於缺乏資金，王維嘉曾想盡各種辦法融資。每每說起他的第一次融資經歷，王維嘉都會興奮不已。那次融資極富戲劇性。

1993年底，王維嘉只是有了自創公司的想法，美通公司當時還沒有出爐。一次，王維嘉參加了一個風險投資演講會。其實在這之前，王維嘉已經有了開發個人行動通信資訊終端的創意，只是苦於沒有人贊助。在會上，那位風險投資專家的演講使王維嘉受益匪淺。當會議結束前，王維嘉對那個風險投資專家提問，他毫無保留地將自己的創業想法向在場的專家和聽衆講了出來，他希望能得到支持。那個風險投資專家認眞地聽了王維嘉的「故事」和他對未來的規畫後，沒有發表任何意見，只是給了王維嘉一個電話號碼，面無表情地對王維嘉說：「我們找時間再談吧！」王維嘉以爲終於找到了知音，之後，他連續打了三天電話給那位風險投資專家，可是一直都沒有人接聽，但他相信那位投資專家絕對對他的創意有興趣，所以王維嘉每次都耐心地留下語音留言。連王維嘉自己都不知打了多少通電話，但他還是不灰心。有一天，正當王維嘉有些急躁不安的時候，卻接到那位投資專家的電話，但只和他約定了會面的時間、地點，其他的也沒有多說。到了那天，王維嘉信心十足地與風險投資專家見了面。投資專家劈頭向王維嘉說明了爲什麼沒有接電話的原因：「其實這是對你的一個測試。如果你連打電話的困難都不能夠克服，我肯定不會找你。因爲一個創業者必須有不怕困難的基本素質。」投資專家的這番話不僅使王維嘉當下深受感動，而且在以後的創業中他也感受頗深。

就是憑著這股精神，經過六個月的談判之後，王維嘉終於在1994年 7 月份從Tong Yang Ventures和MK Global兩家風險投資公司得到了第一筆總額爲200萬美元的風險投資。王維嘉是中國大陸赴美華人中獲得風險投資的第一人。

有了第一次，王維嘉的野心就一發不可收拾。第一次融資的成功，僅使王維嘉順利地開始了他的創業冒險活動，也使他瞭解了風險投資運作的整個機制。第一次融資爲他後來的三次融資鋪了路。之後的三次融資分別是：1995年，從International Venture Partners和Alpine Ventures等風險投資公司成功融資700

萬美元；1997年從IDG 和W.I.Harper等風險投資公司成功融資900萬美元；1999年3月又從Intel公司成功融資1200萬美元。

經過這四次融資，王維嘉總計募集資金3000多萬美元。這個數額，在中國大陸赴美華人圈裡是最大的一筆，而且在矽谷眾多的受風險投資公司提注的企業中也位居前列，由此我們不難看出王維嘉的魅力，不僅是生意場上的，也是人格上的魅力。

眾多的融資經歷，尤其是四次較大的經歷，已經使得王維嘉成了一個專業的風險投資專家，不僅如此，他還在融資問題上累積了極爲寶貴的經驗。這些經驗，在他以後的事業中發揮了大作用。王維嘉認爲融資要有三個原則：首先，要堅持多談幾家。其次，要選擇正確的投資人。其三，要控制好節奏以便讓幾家的談判進度平穩。其四，錢進入自己的銀行帳戶之前，永遠不要抱持任何幻想，因爲只要錢還未兌現，就隨時有變化的可能。這也是常被企業家忽略的一點。

4 紮根矽谷

自1994年王維嘉在矽谷創立美通以來，在他的帶領下，美通公司始終秉持「把網際網路放到每個人的掌上」的宗旨，爲此，王維嘉和他的同事們進行了大量、卓有成效、積極的研究開發工作，並始終保持著在行動無線資訊和商務技術方面的領先優勢。除此之外，美通公司還擁有諸多世界級的行動無線資訊和商務技術方面的專利，其實，這些就足以讓王維嘉在這個領域立於不敗之地。

王維嘉提出了無線網路的「CIC模式」──創造在中國（Create in China）、拇指經濟、巴掌定律、100%互聯度等概念。可以說，王維嘉開創並引領了無線網路產業的發展，也正因爲如此，王維嘉被業界普遍推崇爲無線網路的創始人。

1998年，「雙向資訊王」的出世，象徵著網際網路、個人電腦、行動通訊三大產業的交會點──個人行動資訊產業的誕生。現在，王維嘉已經給「雙向資訊王」正式更名爲掌上網路機，簡稱網機。之所以取名爲網機，王維嘉還是維持初衷，就是想與呼叫器和手機區隔開來。網機已經被普遍運用，但它現在最受歡迎的用途是掌上炒股。

1999年11月3日，美通正式推出世界首例無線網際網路站——掌門網，這也是王維嘉行動無線網際網路概念的進一步體現。掌門網支援包括手機、網機、掌上電腦及雙向呼叫器等各類掌上終端機的無線網際網路的連結並提供豐富的資訊資源。美通的進一步行動已顯示：美通要做中國的「無線連結雅虎」。現在我們都知道，無線網際網路與個人行動資訊系統是密不可分的。也正是在個人行動資訊系統試驗成功的基礎之上，王維嘉才陸續提出行動無線網際網路的概念並推出網站。自WAP在中國開始商用試驗以來，美通公司的掌門網在各類針對行動用戶的行動商務服務中一直處於領先位置，掌門網在中國行動門戶的WAP點擊率始終占全國WAP點用率的60%以上。

王維嘉的野心隨著美通公司的發展也愈來愈大，不難看出，他的理想是使美通掌門網成爲行動無線網際網路第一網站。更具體來說，掌門網可以爲有線ICP提供無線平臺；爲終端用戶提供資訊服務；爲手機、網機、呼叫器等生產廠商的各種產品提供上網機會；可以幫助手機、網機、呼叫器營運商開

拓增值服務內容；爲證券、銀行等金融服務機構增加服務項目。

美通公司自2001年起投入了大量資源，在中國大陸提供服務的25個省市建立起基礎設施平臺，以及與各省計費與閘道系統埠的連接功能，爲業務的穩定營運和與其他公司的合作提供了強大的技術支援平臺。美通無線密切關注新技術和新應用的發展，目前正運用語音、MMS、K-Java及GPRS等先進技術開發更多先進的服務。

自創立以來，美通公司的發展就一刻也沒有停止過。美通公司開發了行動無線資料網路系統「PLANET」，並把這一系統廣泛地應用在中國。PLANET已獲得資訊產業部商用試驗批准及設備型號的核准。PLANET爲諸如掌上PC和PDA（個人數字助理）及雙向呼叫器等快速增長的掌上資訊應用提供低成本、高性能的無線網際連結。美通公司與掌上PC和PDA行業的主要領導廠商合作，提供無線連接技術，並把他們的這些產品轉換爲行動無線網際網路電器。

美通無線依靠在業界的知名度和強大的實力，開展了與日本、韓國及中國衆多無線應用服務供應商和媒體在無線領域的合作，其全面自動化的系統可實現每日及每週服務使用情況的追蹤。

身爲無線互聯概念的發起者，王維嘉和他的美通公司因其在業界的強大影響力，與衆多著名品牌合作順利。美通公司除與亞洲最大的音樂電視頻道Channel[V]展開了全面合作外，還在2003年底，聯合「中國移動」共同贊助馮小剛執導的賀歲片《手機》，並發佈電影同名手機互動簡訊遊戲，開創了手機行銷平臺與影視傳播互動合作的先河。

除此之外，美通無線還致力於爲行動終端用戶開發情境互動類的娛樂產品，這一舉措獲得了業界的廣泛好評。其中美通公司的「泡泡小新」在2003年9月成爲中國大陸第一款用戶超過百萬的簡訊遊戲產品，這一影響是其他公司望塵莫及的。「三界傳說」產品也是中國第一款基於手機線上遊戲。該遊戲僅上市一個月，遊戲產生的簡訊流量就突破了八百萬條，這一結果打造了互動遊戲的神話，再次證明了美通公司在互動遊戲開發、營運以及市場行銷方面的強大實力。

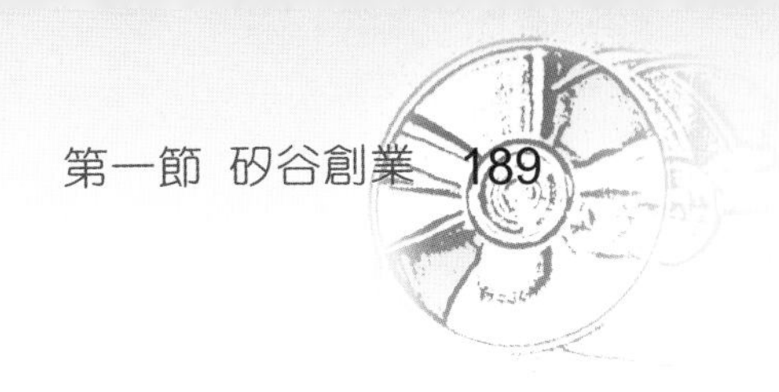

美通現在的產品主要是設備和服務。設備這一塊，短期的成長較慢，不過這個市場有一個好處，因為美通公司是在中國大陸做得最早的公司之一，而後很多公司發展的技術都慢慢地被淘汰掉了，美通憑著優異的產品成了在這一領域唯一留下來的公司，所以，這一塊雖然增長比較慢，但對美通來說利潤卻是相當高，市場佔有率很大，而且還會不斷擴展。

5 王維嘉定律

人才是高科技創業企業最終能否成功的關鍵。在全球經濟日益一體化的今天，由於各種生產要素都需要全球配置，市場也必須站在全球的高度做統籌和考量，所以，能否擁有具備全球目光的人才，是一個企業能否擁有全球競爭力的關鍵所在。在一個以創新爲其成長根本動力的經濟模式中，智力因素正日益資本化，並要求分享企業的餘力。而對於以人的智力和創新能力爲主要生產要素的高科技企業而言，能否形成一種有效鼓勵創新的機制則格外重要。這個觀點，對於王維嘉來說，是一刻都沒有動搖過。

中國自古有一句俗語：「三個臭皮匠勝過一個諸葛亮。」而在王維嘉看來，三個臭皮匠永遠不能成爲諸葛亮。王維嘉的這種看法自有他的道理：他把融資的很絕大部分錢用於設備的開發、生產以及市場的推廣，而其中一個主要開銷就是用於在矽谷招聘英才。矽谷是個人才彙集的地方，這裡的人特別聰明，同時也都非常昂貴。但對於這一部分開支，王維嘉從沒有吝嗇過。 所以，美通公司聚集了一批來自麻省理工、史丹福、伯克萊、伊利諾等著名學府的人才，這些人也同樣爲王維嘉帶

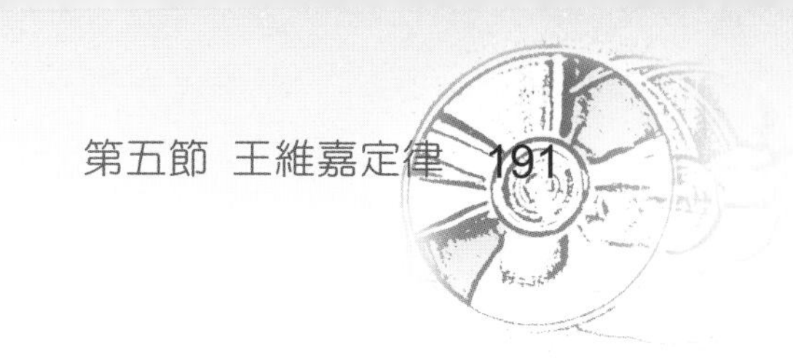

來了巨額的回報。他們能夠提出重要的技術革命理念，使美通公司能夠參與領導新的技術革命，且成爲這一領域的佼佼者。其中，美通公司的創建者之一郭法琨博士，更是由於發明了無線電腦網路而成爲網際網路的先驅之一。

王維嘉認爲，三個臭皮匠加起來還是三個臭皮匠，永遠也不能成爲諸葛亮！就軟體來講，一個特別強的人，他可以一個人發明Unix或Java，然而如果你用的是很平庸的人，即使一千人在一起也搞不出名堂。高科技的一個很重要特點就是人海戰術不管用，所以王維嘉寧可花大錢雇用最好的人才。再舉個例子，技術發展是很迅速的，過去中國大陸讓外商進入中國，而且老是說拿市場換技術，其實在這種情況下，技術根本不可能換得來，就算換來了，一定也是落後的，雖然技術是死的，但人卻是活的，所以吸引人才回流才是最重要的。

美通公司的每一個員工，從副總裁直到秘書都享有股票優先選擇權，這就是所謂的「Stock Option」。正由於有這一整套的機制，美能公司才能夠把人的動力和智力的都發揮到極限，並把企業所有員工都變成能夠自我激勵的個體。

第10章

新力的旋律

對軟體最瞭解的硬體企業「SONY」，是個秉持「以技術為基礎的企業公司」。新力集團是一家非常獨特的企業，他擁有多種不同的業務領域。新力充分利用了自身業務結構的特色，透過與業界其他企業的相互合作，成為寬頻網路時代引領潮流的媒體和技術公司。新力公司也是世界上民用、專業視聽產品、通訊產品和資訊技術等領域的先驅之一，它在音樂、影視和電腦娛樂營運等方面的成就，也使其成為全球最大的綜合娛樂公司之一。在唱片業界算是後進的CBS SONY，打造出了在日本居第一位的音樂大型聯合企業，並將哥倫比亞電影公司的業績推上了全美第一位。

1 SONY先生

新力公司的創始人盛田昭夫一直都是個偶像人物，他是日本最強品牌的化身，也是西方企業掌門人熟悉和青睞的日本企業執行長之一。

盛田昭夫之所以能成爲 20 世紀 70 年代至 80 年代期間日本最搶眼、最富魅力的執行長有他的必然性：他的足跡遍及全球，能適應各國的文化氛圍，很容易和衆多西方企業領導人親密相處……但是，鮮爲人知的是，盛田昭夫和他的家族爲此付出了代價。

盛田昭夫家族世居日本商業城市名古屋南部的海邊城鎮小鈴谷。1945 年 8 月 15 日，返家探親的盛田昭夫從廣播裡聽到了日本天皇宣佈投降，當時他百感交加。自從日本長崎 8 月9日遭到美國原子彈轟炸後，身爲日本軍官的盛田昭夫受命前往名古屋執行海軍陸戰隊的任務，並獲准一天的假期回家探望。

在離開部隊之前，他的上司通知他，如果在他此次外出期間日本宣佈投降，他就不必返回部隊了。爲此他感到非常生氣，他覺得身爲一名軍人，這是對他的一種侮辱，雖然盛田昭夫一直對這場戰爭不太看好。日本是一個軍國主義傳統深重的民族，如果這場戰爭失敗了，部隊軍官就將接到命令，按照效忠天皇的儀式切腹自盡。但當時的盛田昭夫並沒有打算爲大日本帝國的失敗而成爲「烈士」。

二次大戰結束後不久，盛田昭夫決定和他在海軍服役時的朋友井深大（Masaru Ibuka）一起經營井深正在創辦的企業，這就是新力公司的前身。不過，盛田昭夫是盛田家的長子，父母希望他採用久左衛門這個名字，成爲盛田家的掌門人，繼承祖業，經營日本清酒的生意。如果盛田昭夫想另謀他業，就必須徵求父親的同意，讓盛田家的掌門人另立他人。

雖然父母和家中所有人都看好盛田昭夫的能力，但盛田昭夫就是堅持己見，想自立門戶。所以毫無疑問，盛田昭夫被解除了擔任家族清酒行業掌門人的權利。在哥哥缺席的情況下，盛田一秋擔任盛田公司（Morita Co.）執行長的職責，負責管理家族企業。在盛田昭夫有生之年，他始終是家族企業的缺席董事長，不過盛田昭夫還是非常關心家族企業的發展，甚至在新力王國已將觸角伸向全球時，盛田昭夫也總會抽時間回名古屋主持一年一度的家族會議，他的話就如同法律一樣具有權威性。

20世紀七、八〇年代，盛田昭夫在全球企業界樹立了以往任何一位日本企業家從未有過的威望。長期認識盛田昭夫的西方人都有一個共識，那就是盛田昭夫這個人非同一般，因爲他能理解他們，也是他們能夠理解的人。

對許多美國商人來說，日本的企業文化是外國文化；他們和日本生意人相處時感到不自在，而且不瞭解他們的爲人。然而，在這方面，他們瞭解盛田昭夫，因此他說話時，別人會洗耳恭聽。比如，當盛田昭夫在美國做生意時，無論是做合資企業，或其他形式的企業，盛田昭夫都可以拿起電話，和任何美國商人輕鬆交談，無需再問對方「請問您是哪一位」或做更多不必要的解釋。盛田昭夫不僅瞭解這些人的個性，而且與他們的私交甚好。

在其他民族看來，日本人這個群體，相對來說是反應性的，即在社交方面往往比較被動。而盛田昭夫則是個充滿熱情、喜歡和人打交道的人。他愛說、愛笑、愛唱。精力充沛這個突出的特質使他獲得巨大成功。在那些與盛田昭夫有過長期交往的美國人和歐洲人看來，他和他們在生意場上遇到的「典型」日本商人大相徑庭。盛田昭夫就像一部馬力十足的發動機，他喜愛社交、熱情主動、魅力無窮、幽默風趣，而最打動人的是，他看起來很喜歡他們。

其實，人們看到的只是最後的結果，有誰知道，盛田昭夫付出了多少艱辛的努力， 才達到對西方文化如此精通的程度呢？盛田昭夫為新力公司佔領西方市場而不辭艱辛奮鬥，經歷痛苦的掙扎，才使得外國人對他的感受與他自己的想法協調一致。同時，儘管新力公司開拓國際市場大獲成功，但盛田昭夫卻從未心滿意足地放鬆心理上的緊張感。

盛田昭夫是在一個傳統的日本家庭長大的。在這種家族裡，每個人對任何事情的看法都很含蓄。彼此之間的交流總是模棱兩可，從不直截了當。而在這個家庭環境下成長的盛田昭夫，卻能以坦率直言和正面交鋒的美國作風來經營新力，這一魄力可謂是驚人的，不得不為世人讚歎。

從其他方面我們還可以看出，盛田昭夫已經意識到，如果他想在國際交流上取得成功，就無法避開由於兩個世界觀念的不同而造成的矛盾。1971年，盛田昭夫決定創建一個專供日本企業界和金融界頗有建樹的企業首腦及嶄露頭角的新秀參加的男士俱樂部時，他希望這個俱樂部成爲日本各類企業領導人物聚集一堂、對日本經濟暢所欲言的一個中心場所。這是個較爲前衛的想法，因爲在當時，甚至到如今，日本企業普遍都是嚴格按照各行業內部的聯合形式組織小聯盟，而盛田卻把這一創意現實了。

俱樂部成立之初，盛田昭夫吸收了一批企業精英成爲俱樂部成員，這些成員都是明治維新時期（1912年以前）出生、已成爲商業及金融界中堅分子的傑出人物。正如盛田昭夫所願，這家俱樂部對日本企業界產生了深遠的影響。這家俱樂部直到1990年才停止活動。

同時，對於盛田昭夫來說，這個私人俱樂部也是一個孕育發明創造的寶地，就連俱樂部的名字「兩栖俱樂部」（Club Amphi）都源自英語中的「兩棲動物」一詞。這個名字的來歷還有一段典故。

一次，盛田昭夫的司機開車送他前往輕井澤避暑勝地的路上，他無意中在英語字典裡看到了Amphi這個單字，當時盛田昭夫眼睛爲之一亮，覺得使用這個單字作爲俱樂部的名字最爲貼切。回到俱樂部後，盛田昭夫在俱樂部酒吧上方牆壁上的一塊黃銅紀念牌寫上了這樣一句話：我們日本商人必須是「兩棲動物」，我們必須學會在水裡和陸地上都能生存。盛田昭夫說：「對於西方文化，我雖然可以效仿得唯妙唯肖，但卻永遠不會完全吸收。」在新力公司的歷史上，90 年代初的歲月是在黑暗和混亂中撐過來的。

2 新力的旋律

SONY公司從長期發展過程中得出了一個結論：爲了擴大硬體事業，軟體事業也是絕對必要的。投資龐大金額併購軟體企業的SONY，是對軟體產業最瞭解的公司。即使SONY在投入巨大資金併購哥倫比亞電影公司之後，也絕對沒有讓硬體爲主、軟體爲輔的理念崩解。

1989年10月，SONY發表併購哥倫比亞電影公司的消息後，在美國引起了強烈的迴響。就像併購哥倫比亞電影公司一樣，SONY一直站在時代高科技的領先地位。但盛田昭夫相信：「模仿他人或其他公司，永遠也無法開創一條自己的道路，所以要做就要做別人不要做的事。」這個時候，SONY已確定向東京通信工業發展。「東京通信工業」這個名稱事實上就是SONY公司的前身。而正式用SONY這個名字則是後來的事。之後，SONY在英國設立歐洲總公司並得到了王立藝術學院榮譽金獎。盛田昭夫在頒獎典禮上做了一段不是太長的致辭，他在致辭尾聲時說了一句話，讓在場的所有人目瞪口呆，他說：「SONY一直在創造新的東西。所謂新的東西，就是

『SONY』這個名稱，與『WALKMAN』同樣是新出現的英語。」在這之前，SONY這個名字並沒有被正式啓動過。這之後，SONY才被世人所知，並迅速成爲業界看好的產品。

SONY所製作的第一項產品，是日本第一次使用半導體開發而成的TR-52型收音機。當時所用的並不是SONY這個名字。這個名字的由來也有一段故事：在TR-52外銷美國時，所使用的是TORT-SUKO這個名字，考慮到美國人都是不太喜歡嚴謹的發音，因此盛田昭夫決定更改品牌名稱。當時東通出售自行研發錄放音機錄音帶的名稱爲SONI-TAPE。英語的SONICI是語源於拉丁語SONUS的複數形，這個SONI和當時的流行語「SONNY BOY」(可愛小男孩)合而爲一，則爲SONNY，但爲易於發音，所以將字母改爲四個字，於是，聞名全世界的SONY就這樣誕生了。新的半導體收音機「TR-52」，也藉著這個新名稱開始發光。1985年，盛田昭夫正式將公司改名爲「SONY株式會社」，同時股票也在東京證券交易所上市。

盛田昭夫和SONY都主張以「技術」爲產品的象徵，爲了保護這個商標，盛田昭夫堅持一定要自己來銷售，所以當

SONY進入美國市場時，盛田昭夫決定在美國設立經銷公司。美國SONY（SONAM）於1960年誕生，而與此同時，SONY也改組了瑞士日內瓦辦事處，並設立歐洲現地銷售公司（SOSA）。1955年TR-55和1957年的TR-63出售後，SONY半導體收音機成爲全世界暢銷商品。面對蜂擁而至的訂單和無法等待的顧客，SONY根本就沒有必要考慮成本，SONY產品以空運直接送至全美各地。就這樣，SONY在創業第十一年結束了幼年期，也奠定了「日本奇蹟式的復興」掌旗手的根基。

提供日本業界八成唱針的第一位廠商是「NAGAOKA」，然而1990年8月，NAGAOKA解散了，這也是EP、LP唱片的休止符。SONY與荷蘭飛利浦合作開發CD已經是SONY創業第8年的事了（CD唱盤上市是在1982年8月）。在NAGAOKA解散前的第五天，SONY新任社長大賀帶著剛完成的CD唱盤飛往希臘，當時，全世界的唱片公司在希臘會聚一堂。但是當時的唱片業界，包括美國的CBS唱片公司的反應都非常冷淡，對已經具有成熟市場的LP唱片公司來說，CD並沒有引起太大的注意。不過，現在大家都知道，CD比起唱片來說，音質好、體積小、操作性佳，聲音是以光學方式自CD上讀取，毋須接觸，所以使用期限可說是接近半永久性的。

SONY挾帶著強大軟體戰略進攻市場後，CD的暢銷有如火山爆發。在日本開始點火後，CD受歡迎的程度也慢慢的蔓延到全世界。最後CD還是將傳統唱片驅逐於市場之外。大賀後來說，如果不是有CBS的話，CD根本無法普及。所以SONY又再度體會到軟體的重要性。經歷了BETA系統的敗退及CD的勝利，SONY終於漸漸看重軟體。

1987年CBS SONY以二十億美元併購了母公司——美國CBS。當時雖然有人認爲購買的價格太高，但CBS進入SONY集團後，第二年就創造了超出買價的營業額，且利潤相當的高。之後，SONY又開始注意到影像方面的市場。

3 何以能不敗

新力集團公司之所以能在國際市場上長久立於不敗之地，訣秘是多方面的，但竭盡全力接近客戶卻是始終不變的竅門，新力公司「想客戶之所想，急客戶之所急」。凡是客戶想到的，新力預先想到；凡是客戶還沒有來得及想到的，新力也必須搶先想到。

新力一方面不斷強化各核心業務的競爭力，一方面積極嘗試建立寬頻網路時代的全新商業模式。爲了進一步加強電子、遊戲和娛樂業務之間的聯繫，提高新力集團的整體價值，2002年4月，新力正式成立了網路應用及軟體服務部。NACS作爲新力的軟體業務領域與以電子硬體爲中心的技術領域的橋樑，將嘗試在新力自有的網路平臺上展開服務。爲了讓廣大用戶切身感受到激動人心並且開放性的寬頻網路環境給人們生活帶來的變化，新力還積極地與擁有共同發展理念的企業進行彈性聯盟（策略性合作關係）。

在電子業務方面，新力的目標是成爲網路消費電子產品當之無愧的領導者，提供消費者在家庭和行動環境中都可以隨心所欲使用的電子硬體產品；在娛樂業務領域，新力致力於在全球各不同地區製作高水準的娛樂軟體，並在全球發行；在遊戲業務方面，新力進一步拓展了「Play Station」業務，超越以往人們所熟知的遊戲範疇，創造一個寬頻網路時代的電子娛樂全新產業。

面對2005年的寬頻網路時代，新力公司一直致力於構築一個完善的硬體、軟體服務及網路環境，使消費者可以隨時隨地享受獨具魅力的娛樂內容及服務。爲了實現這一夢想，新力集團將電子、遊戲和娛樂定位爲公司三大核心業務領域，以進一步使經營資源集中化。

新力的經營理念是：不做顧客想要的東西。新力公司給人的印象是大家所公認的，是「技術的新力」，「世界的新力」。一般的行銷理念要求企業的生產和經營必須迎合當前市場與顧客口味，而新力則剛好相反，它的經營理念就是「不做客戶想要的東西」，而做「能幫助客戶的東西」。

新力認爲：客戶現在似乎想要這種東西，但他們的想法很快就會改變，而且還會想要別人的東西。新力公司從不緊追著客戶想要的東西，而是盡量選擇給客戶帶來方便的東西。所以，新力公司一直堅持「不模仿，不妥協，不放棄」的創新理念，從自己的角度來製造和推銷商品。

自50多年前新力公司成立開始，服務便是整個公司最爲重視的基本環節之一，且不斷加以更新和發展，「新力服務」已經成爲新力卓越品牌不可分割的一部分，長期以來一直爲全球消費者所讚許。「品質第一、服務第一、客戶第一」是新力服務永遠不變的宗旨。

再來看看新力的管理。

SONY內部採用5P評估體系，來全面評估員工的業績。我們先來看看這5P指的是哪5P：Person（個人）、Position（職位）、Past（過去）、Present（現在）、Potential（潛力）。一個人（Person）在一個職位（Position）上要有業績，就要符合這個職位的要求。員工是否能得到晉升，新力要考察其業績（Performance），業績本身是由3部分構成的，它們分別是：過去的業績（Past）、現在的業績（Present）、將來的業績看不到，但是可以預估他的潛力（Potential）。

一件事情能否成功，重要的是看做事的人能否做好計畫。新力做每件事情都有一套體系，這被稱爲「360度管理」。如果有人因爲「計畫趕不上變化」就不做計畫，那絕不是SONY的風格。SONY的工作計畫是在網路公開的，細節方面是不斷在變化的。不斷調整方案，才能保證有效地完成工作。查核（Check）是每天都要做的事情，這在SONY已經形成了慣例。教員工怎麼樣管理，目標管理也好、時間管理也好，員工都要掌握方式、方法。

新力實行年度考核制。年底，每個員工首先要進行自我評估，新力公司會在網路公佈評估考核的標準。首先，管理人員對員工的工作內容進行分析；其次，是評估做事的方式、方法，評估員工的工作態度、團隊合作精神等等。之後，管理人員還會與員工談話。

做完個人評估後，新力公司還要對團隊進行評估。每一個分公司的總經理都要陳述對下級的評估，並說明給分的原因。身爲管理者，總經理要幫助下屬完成任務，幫助下屬發展、提升技能，如果管理者的技能需要提升，下屬在陳述的過程中也可以給管理者提出目標。另外，新力還要對各部門進行評估，這樣就可以掌握各個分公司、各個部門之間的平衡。

4 新力的物流

隨著經濟發展的全球化，以節省物資消耗和提高勞動生產率來降低生產成本的做法已轉向非生產領域，特別是物流領域，新力集團公司也不例外。

新力集團公司的物流理念是：從戰略高度去審視和經營物流，時時刻刻都不能忽視物流，要滿足消費者或客戶的需要。滿足市場的需要是物流的靈魂，新力集團旗下的各家公司都緊緊跟隨著市場的潮流。

新力公司已經發展成爲全球化的公司，所以集團公司所需要的物流涉及到採購、生產和銷售幾個項目，這些項目往往是在不同地區與不同供應商、不同承運人商談不同的物流專案。爲什麼新力的物流這麼複雜呢？

我們不妨來分析一下：新力是跨國集團，要做的是全球性的物流，需要的是全球性物流供應鏈的管理。隨著市場經濟的快速發展，新力公司不可能把某一個特定消費市場的所有產品全部生產出來，因爲這當中有成本問題。既要把市場包下來，又要保證產品成本不會增加，新力集團公司於是鼓勵各地區的子公司互相協調，盡量從別的地區尋找本地區缺乏而又必須的零件產品。

新力集團公司每年在物流上的花費，包括零件和成品的物流費用，大約占其全球經營總收入的7%，而零件物流的費用又占生產總成本的6%。由於生產總成本占新力集團總公司全年總收益的80%，那麼，其零件物流成本就占新力集團全年總收益的4.8%。此外，根據新力公司的統計，新力集團公司的成品物流費用占整個集團銷售、綜合和行政管理成本費用總額的10%，而銷售、綜合和行政管理成本費用總額又占總收入的20%。

分佈在世界各地，特別是一些主要國家的物流分支機構，已經成爲新力物流管理網路中的重要環節。過去，這些物流分支機構主要功能是爲同一個國家的新力公司提供服務，經過改革，新力把這些物流分支機構的服務聯合了起來，發揮全球性物流網路功能。這些機構並沒有多大變化，但是聯合起來後的機構功能更強大，服務範圍更廣泛，於是進一步降低了公司的物流成本，提高了經濟效益。

新力這種物流經營功能最早始於亞洲，當時，新力把位於新加坡、馬來西亞、大陸、香港、臺灣和日本的新力公司的生產、經營、服務緊密聯繫起來。這個做法奏效後，新力集團公司迅速把這一經驗推廣到美國和歐洲地區。目前新力物流分支機構經營全球業務量最大的是新加坡公司，該公司主要經營東南亞各國乃至越南和大陸的物流服務。

過去，被托運的貨物無法裝滿整箱的時候，往往就地等候其他貨物來拼箱，否則就是高成本發運貨物。爲了進一步降低物流成本，新力集團公司常常根據實際需要，辦理集裝箱貨物的「多國拼箱」。

這種方法首先避免了等候的時間，其次是降低了成本，同時也大幅度縮短了通關時間。現在新力集團已經把新加坡和高雄作爲新力產品「多國拼箱」的集裝箱樞紐港。新力集團已經把這些物流服務委託給香港東方海外集運公司和馬士基海陸船務公司。除此之外，新力集團公司在對美國的跨太平洋出口貿易航線上，常常把產品集中到北美內地某一個配送中心，或者把貨物運送到洛杉磯附近的物流中心進行中轉或者拼箱，就充分發揮新力集團在北美的亞特蘭大、紐約和洛杉磯等地區擁有的倉儲力量。新力集團在歐洲則是以荷蘭的倉儲作爲其拼箱中心。

新力集團公司還在世界各地組織「送牛奶式」服務，以進一步改善新力公司在全球，特別是亞洲地區新力產品的運輸品質。

「送牛奶式」服務是一種日本人特有的快遞服務，高效、快捷、庫存量合理，又深得人心，特別受到所需數量不多、產品規格特別的客戶的歡迎。這種服務非常靈活，客戶可以透過電話、傳眞和電子郵件申請服務。

新力集團公司還有一個獨特之處，是在處理產品的遠洋運輸業務中，往往與集裝箱運輸公司直接洽談運輸合約，而不是與貨運代理洽談，但是在一般業務中，新力還是願意與貨運代理打交道。新力集團與其他日本實業公司不同的是，新力與日本許多實力雄厚的航運集團，如商船三井、日本郵船、川崎船務等結爲聯盟，但是新力集團公司在業務上始終保持獨立自主。

新力集團公司每年都要舉行一次與承運人進行的全球性物流洽談會，透過談判把計畫性集裝箱貨運量分配給選中的承運服務提供人。在合約中，新力只要求承運人提供半年至一年的運費，這樣做的目的，無非是爲了加強與承運人的合作和聯繫，建立品質上乘、價位低廉的物流鏈服務網路。

新力認爲，企業的某一產品、某一項目具有優勢，並不代表這家企業的競爭力強，唯有當企業具備持久穩定的競爭優勢和企業核心綜合競爭能力時，才能夠永遠立於不敗之地。所以，新力集團公司非常重視電子資訊管理技術（EICT），使用比較先進的通用電子資訊服務（GEIS）軟體，與日本和世界各地的國際集裝箱運輸公司建立密切的電子資訊交換聯繫（EDI）。

作爲日本乃至世界的著名企業，新力集團總公司的高層早就意識到，核心競爭力的主體是企業整體，絕不是集團旗下某一個重要子公司憑「奇蹟」就能夠實現的。所以，新力集團從企業集團整體利益的戰略高度考量，充分把握投資方向，調節經營理念和主動掌握市場需求，集中一切力量把建立和指揮企業核心競爭力的主動權掌握在集團高層官員的手中。

為了更好地為客戶服務，新力集團總公司對每家新力物流公司提出了以下三個要求：第一，竭盡全力縮短從產品出廠到客戶手中的過程和所花的時間，必須做到「零停留、零距離、零附加費用、零風險」的物流服務；第二，大力加強新力集團公司和物流鏈服務供應方之間的合作關係，始終保持電子數位資訊交換聯繫的暢通；第三，在東歐地區和中國大陸迅速建立起新力物流的基礎設施，這也是新力物流公司當前最緊迫的任務。

5 新力在中國大陸

作爲日本的臨國——中國，自然避免不了受其影響。在「讓用戶滿意」這一貫穿整個產品設計、生產、服務的過程的理念指引下，新力中國公司自成立之初便致力於建立與業務發展相合的服務網路，不斷提升服務體系和服務水準。在相繼完成建立及涵蓋全國的維修網路、提升「e化」（e-Service）服務、成立統一規範的服務視窗……新力互動中心之後還發起並組織「Sony與您同行」用戶座談會等，提升服務品質和強化顧客溝通。

以「安心和便利的服務」爲核心，以「顧客的聲音」爲基準，中國大陸的服務方法更先進、管理更科學、功能更全面、內容更人性化，一系列的新專案、新措施在中國大陸消費者心目中樹立起良好的服務形象。今年新力在中國大陸獲得了CS21金獎殊榮。

新力中國公司業務包括視頻、音頻、電視機、資訊和通訊產品，以及電子零件和其他領域，公司業務龐大，產品豐富多樣，集中的中央管理都有賴於電腦系統。

新力在中國大陸的服務體系，實現了零件供應系統的完善化，並完成了對各地零件庫存的統一管理，加快了零件供應速度，進而爲用戶帶來了確實的便利。目前，新力維修體系是全年無休，365天天天服務，並在維修點進行新力電池、記憶棒等產品附件的銷售。用戶在這裡可以根據需要，方便地購買到正宗的新力附件產品，並且可以免費接受SONY電池眞僞檢驗的服務，眞正享受到安心和便利。

充滿親和力的人性化服務同樣是新力中國公司的特點之一。目前不僅各維修站展開了一系列全新的方便顧客的人性化服務，同時將各大維修站做了裝修，使得接待大廳更加舒適明亮，並專門開闢了「數位互動區」，以寬頻連接方便用戶隨時進行數位及筆記型電腦產品的連接、調試，並給予即時指導，同時可供用戶隨時上網瀏覽。

藉助人性化的「i.通（i點通）」互動平臺，用戶可以方便地線上查詢有關產品維修狀態和產品使用常識、技術問答、公司近況等最新訊息，這一平臺將用戶與新力的線上資訊和服務緊密地結合在一起。

新力互動中心自2001年10月26日在上海成立並開始營運以來，便透過包括網路在內的多種高科技方法，以多媒體互動方式整合專業化、系統化用戶服務系統，成爲直接傾聽用戶意見與建議的視窗。

2004年7月，新力互動中心還進行了大規模擴充，以更多的坐席數量、更精細的產品諮詢專線，以及不斷升級更新的系統，爲整個中國大陸消費者提供更專業、及時的互動服務，讓用戶充分體驗到了「新力服務，就在您身邊」。

第11章

甲骨文，一個瘋子的帝國

埃里森是典型的氣勢凌人的技術狂人，個性張揚，更熱衷於與微軟的比爾．蓋茲較量。埃里森被多數人公認的形象就是狂傲專橫，對競爭對手毫不留情。他的妄尊自大已經成了衆所皆知的事。

甲骨文公司（Oracle）成立於1977年，是全球最大的資訊管理軟體及服務供應商，遍佈在全世界的員工已超過三萬六千人，服務遍及全球145個國家之多。Oracle公司擁有世界上唯一全面集成的電子商務套件Oracle Applications R11i，它能夠將企業經營管理過程中的各個方面自動化，深受用戶的青睞。多方事實顯示，甲骨文已經是世界最大的應用軟體供應商。

1 壞小孩之初

埃里森1944年出生於曼哈頓，母親爲猶太人，其父身分至今未明。埃里森的母親很早就將他交給親戚撫養，所以埃里森迄今只與母親見過一面，且早年是在美國芝加哥工人階級的公寓裡度過。

埃里森一直認爲，他的祖先是來自歐洲的猶太移民，「埃里森」這個姓就來自於早年外國移民在美國入境時的羈押地——紐約埃裡斯島。

如果讓埃里森學生時代的老師們來評估他的未來，那麼他們怎麼也不會相信，今天的埃里森就是當年的埃里森。因爲學生時代的埃里森並沒有顯露出優秀的素質和成績，反而在學校有些孤僻，喜歡獨來獨往。

1962年埃里森高中畢業，進入依利諾大學就讀，二年級就離開學校。過了一個夏天他又進入芝加哥大學，同時還在西北大學選修。歷經三所大學，卻沒有拿到一張大學文憑。由此可見，成功和學歷並不成正比關係的。

1973年，埃里森在Amdahl公司工作，Amdahl是和IBM競爭的大型電腦生產公司，有45%的股份是日本富士通的，所以埃里森有機會去日本出差。當時的日本禪學和文化給埃里森留下了深刻的印象，從此他成了日本文化藝術的終身愛好者。

埃里森一直都是一個不安分的人，離開大學後他換了好幾家公司。從Amdahl公司離開後，埃里森加入了Ampex公司，這是矽谷的一家生產影像設備的公司。在Ampex公司，埃里森認識了他一生中最重要的兩個人：愛德華·歐塔斯和鮑伯·米奈爾。

其實，埃里森一直認爲自己是極具生意頭腦的人，也一直躍躍欲試。1977年6月，埃里森和愛德華·歐塔斯、鮑伯·米奈爾合夥出資2,000美元，成立了一家軟體研發公司——甲骨文，埃里森擁有60%的股份，這一年他32歲。在埃里森的公司成立的同時，另外兩家傳奇式的公司也誕生了，一個是蘋果，一個是微軟。三家公司的產品、理念、文化完全不同，但卻有著一個共同點：創立者的構成都是一個有夢想的科技企業家加一個科技天才。

正如埃里森自己所預測的，他的確是個有生意頭腦的人。在他的領導下，從1977年公司創立到1990年，甲骨文的銷售額保持了每年高於100%的增長，1986年，甲骨文上市。

埃里森喜歡把生命比作一條鯊魚，他說：「你必須持續向前，一天比一天做得更好，否則你就會死亡。」他在同事們眼中是個道道地地的武士。既是個破壞者，同時又是個改良者。

2 瘋子的帝國

甲骨文是企業資料庫軟體的最大供應商，其經營方針是提供徹底的解決方案，從任一設備上，透過任一網路，查詢存放在任一伺服器上的任何資料。在極爲有利可圖的電子資料庫資訊組織和存儲領域中，Oracle其實處於壟斷地位。

當比爾·蓋茲忙於把電腦推入每個家庭之時，Oracle正掀起一場辦公室革命：爲公司和政府機構提供速度愈來愈快、品質愈來愈高的資料庫。其實提起甲骨文，還是有許多人不太熟悉，但如果說起甲骨文的客戶，你就不會那麼陌生了。它們大多是赫赫有名的大企業，如「財富500大」企業。

當然，因爲資料庫是網路經濟的中樞，不論到什麼時候，資料庫軟體永遠都不會像作業系統或是瀏覽器那樣引人注目。現在，愈來愈多的企業經由網路達成交易，無論是企業內部網路還是全球網際網路。如果沒有資料庫以及管理資料庫的高速、強大的伺服器，這些都不可能實現。

Oracle電子商務套件涵蓋了企業經營管理過程中的各個方

面，雖然它在不同的方面分別面對不同的競爭對手，但甲骨文電子商務解決方案的核心優勢就在於它的集成性和完整性，用戶完全可以從Oracle公司獲得任何所需的應用功能。

90年代中期，Oracle的軟體對人們生活帶來的影響甚至超出了它自己的預料。任何人要預訂旅館房間、使用信用卡、租用錄影帶、買賣股票、訂購商品……都會用上甲骨文研發生產的資料庫軟體。甲骨文在網路時代裡如魚得水。

當電子商務在全球還僅處於萌芽階段時，在埃裡森的領導下，甲骨文便前瞻性地做出了新的戰略部署，從領先的資料庫廠商，轉型爲以網際網路爲基礎的完整電子商務解決方案供應商。

這一前瞻性的戰略決策爲甲骨文帶來了巨大的利益，甲骨文能夠領先競爭對手，提供包括應用產品、平臺產品和完善的服務在內的完整的、先進的、集成的電子商務解決方案，可以結合成企業資源管理（ERP）、供應鏈管理（SCM）、商業智慧（BI）、客戶資源管理（CRM）和電子商務應用IP等產品。Oracle從低端到高端的所有方案都基於網際網路應用體系結構，都可以透過Web，安全、直接地查詢，使企業能夠透過Web完成包括報價、訂單、支付、執行、服務等在內的業務過程所有環節，幫助企業將現有業務內容快速轉移到電子商務，迅速獲得來自電子商務的高效益。

3 帝國的瘋子

出人意料地， 2001年全美經理人收入排行榜中的贏家和輸家是同一個人：甲骨文公司的執行長賴瑞．埃里森。埃里森之所以是輸家，是因爲甲骨文公司的股票市值在一年之中縮水了57%，按照他的期權來算，他損失了20億美元。那爲什麼說埃里森還是贏家呢？這是因爲埃里森的期權使他入袋7.06億美元，這個數目可以說是史無前例的，遠遠超出了某些小國家一年的GDP。

埃里森在1977年靠1,200美元起家，短短20餘年後，他的財富累積令人難以想像。成爲億萬富翁後，他打定主意要享受。埃里森不喜歡過別人指指點點的生活。他喜歡自己觀察，自己計畫，自己思考，自己決策。當埃里森決定要做一件事時，他從來不會三心二意。

極具魅力和侵略性的一張酷臉，咄咄逼人的口才，近乎瘋狂的休閒方式，使得埃里森成爲美國矽谷人人皆知的「壞孩子」。綜觀其飛黃騰達的軌跡，好鬥顯然是滲入他骨子裡與靈魂中最具張力的元素。他一週只在公司內安排50個小時的工作，其餘時間他都花在探險上。當然，埃里森會經常成爲病患被送進醫院。有一次，在一次衝浪的時候，他不僅弄斷了頸椎，肺也被肋骨穿透。

身爲全球第三大富豪，在耍酷上，埃里森不能說後無來者，卻稱得上是前無古人。6年前他就親自駕駛自己的「莎喲拉那」號帆船參加國際帆船賽，連續行駛三天三夜，奪得冠軍，並從此不再刮去稱冠時的標誌——鬍子。同時，他也是世界上唯一以噴氣式戰鬥機作爲自己座機的超級富豪。

在甲骨文公司裡，員工的T恤上常印有一條張開血盆大口的鯊魚，赤裸裸地表達了埃里森的本性。

埃里森在業界是知名的花花公子。這個離過三次婚的單身漢，與年輕漂亮的女子出現在社交雜誌上的機會，幾乎和他超常的經營行爲在《華爾街日報》上曝光的次數一樣多。

從1977年創辦甲骨文公司開始，埃里森就以好鬥聞名於矽谷。20多年來，無論埃里森做什麼事，哪怕是多麼小的一件事，他也會先設一個假想敵，並公開宣稱要消滅它，然後千方百計踏著「屍體」向前邁進。當然，埃里森通常是勝利者。如今他就像一個經過層層選拔的選手，登上最高擂臺，面對最後一個敵手（他一直都這樣認為）——微軟的比爾·蓋茲。埃里森對比爾·蓋茲的老大地位覬覦已久。為了整垮老對手，埃里森是不惜任何代價的。他最喜歡引用伊拉克總統海珊的一句話：「這是最後的決戰。」在美國股市大漲之際，埃里森的財富曾一度超過比爾·蓋茲，在短暫的時間裡坐上全球富豪的頭把交椅，著實過了癮。

埃里森經營甲骨文就像一個武士，四處鼓吹簡單化、相容性。埃里森有一個常人所沒有的原則，就是：凡是能引起人們注意公司的事情，就去做。比如說，甲骨文曾經狂熱投身於互動式電視試驗專案，這一試驗儘管以失敗收場，但卻使公司的聲名遠播。我們不妨再來看一個數字：1995年的一次調查顯示，40%的人知道甲骨文，但在1992年這個數字只有20%。

埃里森一向就不是一個溫和的改良主義者。1990年，美國證券監管當局發現甲骨文不計代價成長的行為後，對甲骨文進行了罰款處理。結果甲骨文的股價從將近30美元一路下跌到了每股5.375美元的歷史低點，公司瀕臨破產邊緣。股票崩盤之後，埃里森隱遁了三天。如果換成常人，一定會被這種打擊擊垮，但埃里森並沒有氣餒，而是痛定思痛，沒有被眼前的巨大困難所壓倒，他仍然堅強地站立者。之後，埃里森下決心要引進專業管理人才，這需要相當的智慧、勇氣與謙卑。在以埃里森爲首的新領導班底的管理下，甲骨文很快就扭轉了過去只重銷售，不重管理的風氣。而且埃里森還發動了一場向浪費宣戰的運動，有力地遏制了大手筆花錢的習慣。

埃里森就是這麼一個改革家，無論走到哪裡，他總能發現需要改進的地方。與此同時，埃裡森也非常注重產品品質和客戶服務，並以客戶爲中心作爲公司的新價値觀。

雖然甲骨文已經成爲僅次於微軟的世界第二大軟體公司，而且他的身價也曾一度超過比爾·蓋茲成爲世界首富，但他對這一成績並不知足。他的理想是超越比爾·蓋茲成爲軟體行業的老大。

埃里森和比爾·蓋茲、邁克·戴爾一樣，都是中途輟學生。 埃里森在32歲以前還一事無成，讀了三所大學，沒拿到一個學位文憑，換了十幾家公司，妻子也離他而去，開始創業時只有1,200美元，但這些並沒有影響埃里森的企圖心。在埃里森的領導之下，甲骨文公司連續十二年銷售額翻一倍，終於成爲世界上第二大軟體公司。

談起自己的成長之路，埃里森概括得很簡單，他只用一個辭彙：取勝。至於如何取勝，如何成功，如何達到目標，那都是其次。埃里森常常許空願、說大話，甚至在公衆場合中亦然，而產品卻可能遲幾個月或者幾年以後才交付，有時他在說這些話之時壓根兒就沒有那種產品，這種憑空編造也許只有這個矽谷的壞小孩才做得出來。埃里森和他的手下在追求目的的時候是不大計較手段的。

然而，問起軟體方面的問題時，大多數人嘴裡可能說出的名字依舊是微軟、蘋果和IBM。對於這一點，埃里森相當氣憤。因而他開始了另一輪公關活動。他向以Windows爲基礎的個人電腦發出了挑戰宣言，譏諷PC是一個「過度利用技術的荒謬物件」，倡議開發NC（網路電腦）作爲替代產品。而有人則把埃里森的想法說成是一種「500美元的騙局」。埃里森並不在乎別人的說法。畢竟，NC就像之前的互動式電視節目，張開了甲骨文的大旗——埃里森一時成了媒體的焦點。

到目前爲止，埃里森就任甲骨文公司執行長十年多來所進行的管理變革，無疑是成功的。這一成功也許正好順應了埃里森的野心，所以他把甲骨文的目標定爲：有朝一日使經營利潤率逼近50%。如果能做到這一點，甲骨文就會像微軟一樣成爲全球效率最高的公司。到那時候，說不定甲骨文會成爲軟體行業的老大了吧！

埃里森爭強好鬥的作風已成爲公司文化的一大特色。這種傲慢自大的文化與甲骨文公司的成功有很大的關係。埃里森造就了軟體企業，並使之成爲今天這個樣子：充滿激烈的競爭、無恥的誇張、驚人的利潤，不過，偶爾也點綴一些誠實，這就是埃里森的甲骨文公司。

埃里森的生存，在某種意義上是邱吉爾式的。在創業經商中，他推出一系列的新概念，從關係型數據庫技術到大規模平行計算，從互動式電視到網路電腦。然而，埃里森最大的事業，永遠是他自己。

4 下注網際網路

網際網路時代的應用是以伺服器爲中心加瘦客戶機的模式，而不再是C/S模式。在這種模式下，人們需要的是低成本、高速度、可擴展和易管理。

早在1995年埃里森就提出了以網際網路爲核心的重要戰略。而當時微軟根本沒有與網際網路相對的產品與計畫的推出。1995年3月23日，埃里森到北京參加甲骨文用戶大會，在會上，埃里森就「網際網路」的未來發表了演講，他指出，在未來的世界裡，「網際網路就是一切」，它將改變人類的生活方式。甲骨文公司將身體力行，把技術、資本和市場等等資源統統押在網際網路上面。

1997年，在comdex´98大展前夕，甲骨文率先宣佈推出全球第一個全面面向網際網路的資料庫甲骨文 8i（甲骨文 8i已經超出了資料庫的範疇），與微軟新推出的SQL server7.0展開了全面較量。以甲骨文 8i爲核心，甲骨文已經形成了一套完整的網際網路計算平臺。作爲一個眞正開放的java應用開發平臺，甲骨文 8i可以使得每個用java開發的應用程式都能直接在上面運作，此得到了大多數廠商、開發者以及用戶的廣泛支持。現在甲骨文 9i也已經問世。這一系列產品的推出，使作爲電子商務解決方案供應商的甲骨文公司邁向了新的里程。

在埃里森的統帥下，甲骨文在圍繞網際網路展開的IT廠商新一輪角逐中，獨佔鰲頭。1999年，公司的營業額已增長到97億美元，股票比一年前增長了一倍多，坐上了全球獨立軟體供應商的第二把交椅。

甲骨文公司之所以能夠成就今天的事業，一方面在於投資人對甲骨文前瞻的電子商務策略充滿信心，另一方面在於甲骨文近年來能夠不斷地爲投資人帶來十分滿意的投資報酬。

甲骨文不僅是電子商務的倡導者與領導者，更是一位電子商務的實踐者與受益者。如今，任何客戶都可以透過網際網路瞭解、熟悉、試用或購買甲骨文的任何產品和線上服務，還可參加甲骨文在網際網路上舉行的各種研討會，這種線上服務的方式吸引更多的客戶關注甲骨文，使甲骨文保留住更多有價值的客戶。

那斯達克綜合指數屢創新低，美國經濟成長速度減緩，包括英代爾在內的IT業界很多公司都開始裁員。然而，甲骨文依然我行我素。

埃里森已經被IT業界的分析家認爲是能夠成爲豪賭網際網路的大贏家。甲骨文的應用軟體中，處處閃耀著科學的現代管理與現代行銷之光，可以說，使用甲骨文電子商務解決方案，等於爲企業請來了一大批世界級的管理大師和行銷大師。

5 甲骨文在中國大陸

中國大陸的軟體公司正逐漸成長，雖然甲骨文在高端市場佔有絕對主導的位置，但對於來自中、低端的競爭，甲骨文還是有贏得競爭的信心。埃里森也這樣認爲。

1989年，甲骨文公司正式進入中國大陸市場，成爲第一家進入中國大陸的世界軟體巨頭，象徵著由甲骨文首創的關係型數據庫技術，開始服務於中國大陸用戶。

1991年7月，經過了近兩年時間的努力開拓，爲了順應迅速發展的業務，甲骨文在北京建立獨資公司。並在北京、上海、廣州、成都設立了辦事處。

中國的國情相當程度限制了國外公司在中國大陸的發展，因爲在中國只有少部分人會講外語，大多數的中國人還是使用漢語。爲了幫助中國用戶及時、充分地利用世界最先進的電腦軟體技術與產品，甲骨文中國公司在產品漢化方面投入了大量的資源，目前，甲骨文的大部分產品均已完成全面中文化，中文版產品的更新步調與美國本土基本同步一致。甲骨文公司在中國還建立起了一套完整的合作夥伴體系，甲骨文和它的合作夥伴共同構成了以甲骨文技術產品爲基礎的全國性市場開拓、增值開發、系統集成與技術服務體系，爲甲骨文在中國大陸的業務發展提供了強而有力的支援。其中，數百個以甲骨文平臺爲基礎的商品化應用套裝軟體，已經廣泛應用於國內的政府部門、電信、郵政、公安、金融、保險、能源電力、交通、科教、石化、航空航太、民航等各行各業。

國家圖書館出版品預行編目資料

贏的秘密／張昭平編著.
初版－－台北市：宇河文化出版；
紅螞蟻圖書發行，2007〔民 96〕
面　　公分，－－(知識精英；27)
ISBN 978-957-659-599-8 (平裝)

1.企業管理
494　　96002580

知識精英 27
贏的秘密

編　　著／張昭平
發 行 人／賴秀珍
榮譽總監／張錦基
總 編 輯／何南輝
特約編輯／呂靜如
平面設計／魏淑萍
出　　版／宇河文化出版有限公司
發　　行／紅螞蟻圖書有限公司
地　　址／台北市內湖區舊宗路二段 121 巷 28 號 4F
網　　站／www.e-redant.com
郵撥帳號／1604621-1　紅螞蟻圖書有限公司
電　　話／(02)2795-3656（代表號）
傳　　真／(02)2795-4100
登 記 證／局版北市業字第 1446 號
港澳總經銷／和平圖書有限公司
地　　址／香港柴灣嘉業街 12 號百樂門大廈 17F
電　　話／(852)2804-6687
法律顧問／許晏賓律師
印 刷 廠／鴻運彩色印刷有限公司
出版日期／2007 年 3 月　第一版第一刷

定價 230 元　港幣 77 元

ISBN-13：978- 957-659-599-8　　Printed in Taiwan
ISBN-10：957-659-599-1